水利工程施工管理
与质量安全控制

杨斌 著

延边大學出版社

图书在版编目（CIP）数据

水利工程施工管理与质量安全控制 ／ 杨斌著.

延吉 ： 延边大学出版社，2025. 1. -- ISBN 978-7-230 -07887-0

Ⅰ. TV512

中国国家版本馆 CIP 数据核字第 2025AT4699 号

水利工程施工管理与质量安全控制

SHUILI GONGCHENG SHIGONG GUANLI YU ZHILIANG ANQUAN KONGZHI

著　　者：杨　斌

责任编辑：王治刚

封面设计：文合文化

出版发行：延边大学出版社

社　　址：吉林省延吉市公园路 977 号　　　　邮　　编：133002

网　　址：http://www.ydcbs.com　　　　E-mail：ydcbs@ydcbs.com

电　　话：0433-2732435　　　　传　　真：0433-2732434

印　　刷：三河市同力彩印有限公司

开　　本：710mm×1000mm　1/16

印　　张：10.5

字　　数：150 千字

版　　次：2025 年 1 月 第 1 版

印　　次：2025 年 1 月 第 1 次印刷

书　　号：ISBN 978-7-230-07887-0

定价：48.00 元

前　言

随着我国经济的快速发展和城市化进程的推进，水利工程建设在保障水资源安全、促进经济社会发展、改善生态环境等方面的作用越来越突出，水利工程施工管理与质量安全控制的复杂性和重要性也逐渐增加。

本书介绍了水利工程的定义与分类，阐述了水利工程施工管理的定义及要素等；深入探讨了水利工程施工进度管理，包括施工进度计划的编制、施工进度的监控，以及施工进度延误的预防与应对；针对施工成本管理，介绍了施工成本的概念和主要形式，以及水利工程施工成本管理的基本内容等；详细分析了水利工程施工合同管理的现状、措施等；在施工环境管理方面，论述了水利工程施工过程中的环境保护措施等；还对水利工程质量控制和安全控制进行了具体分析。

由于笔者水平有限，加上时间仓促，书中疏漏在所难免，恳请各位读者提出宝贵的建议，以便今后修改完善。

杨斌

2024 年 12 月

目　录

第一章　水利工程施工管理概述

第一节　水利工程的定义与分类

一、水利工程的定义

水利工程是指为了防治水旱灾害并合理地开发利用水资源，以满足人类生活、社会生产和生态与环境建设的需要而修建的工程。建设水利工程旨在通过科学的方法和技术手段，合理配置和利用水资源，解决水资源分布不均、季节性波动等问题，提高水资源的利用效率，保障社会经济的可持续发展。例如，水库不仅可以调节河流的流量，缓解洪水灾害，还可以为下游地区提供稳定的，用于农业灌溉、工业生产和城乡生活的水源；水闸和泵站用于调节水位和流量，确保水资源的合理分配和利用；水电站则利用水能发电，能够为人类提供清洁的能源，减少人类对化石燃料的依赖。

二、水利工程的分类

（一）防洪工程

建设防洪工程的主要目的是减少洪水对人类生活和生产活动的影响，保障人民的生命财产安全。常见的防洪工程包括堤防工程、护岸工程、蓄滞洪区工程、分洪道工程等。堤防工程通过加固河岸、提高堤防高度等措施，减少洪水对沿岸地区的威胁。护岸工程则通过护坡、挡墙等设施，防止河岸侵蚀和崩塌。蓄滞洪区和分洪道则用于在洪水高峰期将部分洪水引入特定区域，减轻主河道的洪水压力。防洪工程的设计和建设需要遵循国家和行业的相关标准，确保工程的安全性和可靠性。

（二）灌溉工程

建设灌溉工程的主要目的是通过合理配置和利用水资源，提高农作物的产量和质量。常见的灌溉工程包括引水渠工程、灌溉渠工程、泵站工程、喷灌系统工程等。引水渠和灌溉渠用于将水资源从水源地输送到农田。泵站则用于提升水位，确保水资源的合理分配。喷灌系统通过喷头将水均匀喷洒到农田里，提高灌溉效率。灌溉工程的设计和建设需要考虑当地的气候条件、土壤特性、作物种类等因素，确保灌溉系统的高效运行和水资源的合理利用。

（三）供水工程

建设供水工程的主要目的是为城市和农村提供安全、可靠的饮用水和工业用水等。常见的供水工程包括水源地保护工程、取水工程、净水厂工程、输水管线工程、配水管网工程等。水源地保护工程通过划定保护区、限制污染源等措施，确保水源地的水质安全。取水工程通过取水口、取水泵站等设施，将水资源从水源地输送到净水厂。净水厂工程通过物理、化学和生物处理方法，将原水净化为符合标准的饮用水。输水管线和配水管网则用于将净化后的水输送到用户端。供水工程的设计和建设需要遵循国家和行业的相关标准，以确保水质安全和供水系统的稳定运行。

（四）水电工程

建设水电工程的主要目的是利用水能发电，为人类提供清洁的能源。常见的水电工程包括水电站工程、引水隧洞工程、压力管道工程等。水电站工程通过拦河坝、引水隧洞、压力管道等设施，将水能转化为电能。引水隧洞工程用于将上游的水资源引到水电站。压力管道工程则用于将水输送到水轮机。水电工程的设计和建设需要考虑水文条件、地质条件、生态环境等因素，以确保工程的安全性和环境友好性。建成的水电工程不仅能为人类提供清洁的能源，还能促进当地的经济发展和生态环境保护。

（五）水土保持工程

建设水土保持工程的主要目的是防止水土流失、保护土地资源、改善生态环境。常见的水土保持工程包括梯田工程、水保林（水土保持林）工程、草皮护坡工程、沟道治理工程等。梯田工程通过将坡地改为水平梯田，减少雨水冲刷，提高土壤的保水保肥能力。水保林工程通过种植树木，增加地表覆盖，减少水土流失。草皮护坡工程通过种植草皮固定土壤，防止滑坡。沟道治理工程通过沟渠等设施，减少沟道的侵蚀和淤积。水土保持工程的设计和建设需要遵循国家和行业的相关标准，以确保工程的有效性和可持续性。建成的水土保持工程不仅能改善生态环境，还能提高土地的生产力，促进农业的可持续发展。

第二节　水利工程施工管理的定义及要素

一、水利工程施工管理的定义

水利工程施工管理的理念在当今社会人们的生产实践和日常工作中起到了极其重要的作用。上级主管部门、建设单位、设计单位、科研单位、招标代理机构、监理单位、施工单位、工程管理单位甚至老百姓，无不关心工程的施工管理，因此学习和掌握水利工程施工管理的相关知识和技能对从事水利行业的人员有一定的积极作用。对于具有水利工程施工资质的企业和管理人员来说，学会水利工程施工管理将提高工程的实施效益和企业声誉，从而扩展企业市场，壮大企业实力，振兴水利事业。

施工管理水平的提高对中标企业尤其是项目部来说，是缩短建设工期、降低施工成本、确保工程质量、保证施工安全、增强企业信誉、开拓经营市场的关键，历来被各专业施工企业所重视。施工管理是涉及工艺操作、技术掌控、工种配合、经济运作和关系协调等的综合活动，是管理战略和实施战术的良好结合及运用。因此，整个管理活动的主要程序及内容包括：

（1）从制订各种计划（或控制目标）开始，通过制订的计划（或控制目标）进行协调和优化，从而确定管理目标。

（2）按照确定的计划（或控制目标）进行以组织、组织、协调和控制为中心的具体实施活动。

（3）依据实施过程中反馈和收集的相关信息及时调整原来的计划（或控制目标）。

（4）按照新的计划（或控制目标）继续进行以组织、组织、协调和控制为中心的具体实施活动，周而复始直至实现既定的管理目标。

水利工程施工管理的字面意思就是施工企业对其中标的工程项目派出专人，负责在施工过程中对各种资源进行计划、组织、协调和控制，最终实现管理目标的综合活动。这是最基本和最简单的概念理解，包含三层意思：一是水利工程施工管理属于工程项目管理范畴，领域是宽广的，内容是丰富的，知识和经验是综合的；二是水利工程施工管理的对象是水利工程项目施工全过程，对施工企业来说就是施工企业以往、在建和今后待建的各个工程项目的施工管理，对项目部而言就是项目部本身正在实施的项目建设过程的管理；三是水利工程施工管理是一个组织系统和实施过程，重点是计划、组织、协调和控制。

基于以上观点，水利工程施工管理的定义为：以水利工程建设项目施工为管理对象，通过一个临时固定的专业柔性组织，对施工过程进行有针对性和高效率的规划、设计、组织、指挥、协调、控制、落实和总结等动态管理，最终达到管理目标的综合协调与优化的系统管理。

所谓实现水利工程施工项目全过程的动态管理是指在施工项目的规定施工期内，按照总体计划和目标，不断进行资源的配置和协调，不断进行科学决策，从而使项目施工的全过程处于最佳的控制和运行状态，最终产生最佳的效果。所谓管理目标的综合协调与优化是指施工项目管理应综合协调好技术、质量、工期、安全、资源、资金、成本、文明、环保等约束性目标，在相对最短的时期内成功地达到合同约定的成果性目标并争取获得最佳的社会影响。

水利工程施工管理贯穿项目施工的整个实施过程，通过对施工项目进行高效率的规划、设计、组织、指挥、协调、控制、落实、总结等，在时间、费用、技术、质量、安全等综合效果上达到预期目标。

水利工程施工管理与一般作业管理不同。一般的作业管理只需要对效率和质量进行考核，并注重将当前的执行情况与前期进行比较。在典型的项目环境中，尽管一般的管理办法也适用，但管理结构须以任务（活动）定义为基础来建立，以便进行时间、费用和人力的预算控制，并对技术、风险进行管理。在水利工程施工管理过程中，施工管理者并不亲自对资源的调配负责，而是在制订计划后通过有关职能部门调配并安排和使用资源。调拨什么样的资源、什么时间调拨、调拨数量多少等，取决于施工技术方案、施工质量和施工进度等的要求。

由于工程类型、使用功能、地理位置和技术难度等不同，水利工程施工的组织管理程序和内容有较大的差异。一般来说，建筑物工程在技术上比单纯的土石方工程复杂，工程项目和工程内容比较繁杂，涉及的各种材料、机电设备、工艺程序、参建人员、职能部门等较多，不确定性因素占的比例较大，尤其是一些大型水电站、水闸、船闸和泵站等枢纽工程，其组织管理的复杂程度和技术难度远远高于土石方工程；同时，同一类型的工程因大小、地理位置、设计功能、质量标准、施工季节、作业难度等不同，在组织管理上也存在很大的差别。因此，针对不同的施工项目采用不同的组织管理模式和施工管理方法，是组织和管理好该项目的关键。目前，水利工程施工管理已经在水利工程建设领域中广泛应用。

水利工程施工管理是以项目经理负责制为基础的目标管理。一般来讲，水利工程施工管理是按任务（垂直结构）而不是按职能（平行结构）组织起来的。水利工程施工管理的主要任务一般包括项目规划、项目设计、项目组织、质量管理、资源调配、安全管理、成本控制、进度控制和文明环保等九大项。常规的水利工程施工管理活动通常是围绕这九项任务展开的，这也是项目经理的主要工作线和面。

目前，在水利工程施工管理中，三维管理体系得以构建：

（1）时间维：把整个项目的施工总周期划分为若干个阶段计划和单元计划，进行单元和阶段计划控制，各个单元计划完成了就能保证阶段计划实现，各个阶段计划完成了就能确保整个计划实现，即人们常说的"以单元工期保阶段工期，以阶段工期保整体工期"。

（2）技术维：针对项目施工周期的不同阶段和单元计划，采用不同的施工方法和组织管理方法，并突出重点。

（3）保障维：对项目施工的人、财、物、技术、制度、信息等实施后勤保障管理。

二、水利工程施工管理的要素

要想理解水利工程施工管理的定义，就必须理解其所涉及的直接和间接要素。水利工程施工管理的要素包括资源、需求、施工组织和环境。

（一）资源

资源的概念和内容十分广泛，可以说，一切具有现实和潜在价值的东西都是资源。资源可以分为自然资源和人造资源，也可以分为内部资源和外部资源，还可以分为有形资源和无形资源。在当今社会科学技术飞速发展的时期，知识经济时代正向我们走来，知识作为无形资源的价值表现得更加突出。资源轻型化、软化的现象值得我们重视。在水利工程施工管理中，我们不能只管好、用好硬资源，还要尽早掌握、用好软资源，这样才能跟上时代的步伐，才能真正管理好各种工程项目的施工过程。

由于工程项目固有的一次性特点，工程施工项目资源不同于其他组织机构的资源，它具有明显的临时拥有和使用特性：资金要在工程项目开工后从发包方预付和计量，在特殊情况下施工企业还要临时垫支；对于人力（人才），施工企业需要根据承接的工程情况挑选和组织，甚至招聘；施工技术和工艺方法没有完全的成套模式，施工企业只能参照以往的经验和相关项目的实施方法，在总结和分析后，结合自身情况和要求选择；对于施工设备和材料，施工企业必须根据该工程具体的施工方法和设计临时调拨和采购，对于周转材料和部分常规设备，施工企业可以在工程所在地临时租赁。

在水利工程施工过程中，资源需求变化很大。因各单元及阶段计划变化较大，企业要在施工过程中根据进度要求随时增减资源。任何资源积压、滞留或短缺都会给项目施工带来损失，因此合理、高效地使用和调配资源对工程施工管理尤为重要。

（二）需求

水利工程施工的利益相关者的需求是不同和复杂的，通常可以分为两类：一类是必须满足的基本需求，另一类是附加需求。

就工程项目部而言，其基本需求涉及施工质量、施工成本、施工进度、安全生产、文明施工和环境保护等方面。在一定范围内，施工质量、施工成本、施工进度、安全生产、文明施工和环境保护等是相互制约的。一般而言，当施工进度要求不变时，施工质量要求越高，施工成本就越高。当施工成本不变时，施工质量要求越高，施工进度就越慢。当施工质量要求不变时，施工进度过快或过慢都会导致施工成本增加。当施工进度相对紧张时，企业往往会放松安全管理，这就容易造成各种事故的发生，反而会延长施工时间。文明施工和环境保护会直接增加施工成本，因此往往被一些计较效益的管理者忽视。但是，做好文明施工和环境保护工作恰恰能给安全生产、工程质量和工期目标的实现创造有利条件，进而会给项目或企业带来意想不到的间接效益和社会影响。

附加需求是企业通过项目的实施树立形象、站稳市场、开辟市场、争取支持、减少阻力、扩大影响并获取最大的间接利益的需求。比如，一个施工企业以前从未打入某一地区或一个分期实施的系列工程刚开始实施，该施工企业有机会通过第一个中标项目进入当地市场或及早进入该系列工程，明智的企业决策者对该项目一定很重视，除了在项目部人员和设备配置上付出超出老市场或单期工程的代价，还会要求项目部在确保工程施工硬件的基础上，完善软件效果。"硬件创造品牌，软件树立形象，硬软结合产生综合效益"，这是企业管理者都应该明白的道理。一个新市场的新项目或一个系列工程的第一次中标对急于开辟该市场或稳定市场的企业来说无异于雪中送炭。企业不仅要重视该工程建设的质量和眼前的效益，还要通过管理达到施工质量优良、施工工期提前、施工成本最小、文明施工和环境保护措施有效、关系协调有力、业主评价良好、设计单位和监理单位放心、主管部门高兴、地方政府支持、社会影响良好等综合效果。在此强调新市场的新项目或分期工程，并不是说对一些老市场或单期工程的项目企业就可以不重视，企业同样应当根据具体情况制定适合工程项目管理的考核目标和计划，只是要有所侧重。

在水利工程施工过程中，项目部所面对的其他利益相关者（如发包方、设计单位、监理单位、地方相关部门、当地百姓、供货商、分包商等）的需求又和项目部不同，在此不一一赘述。

总之，一个施工项目的不同利益相关者各有不同的需求，有的相差甚远，甚至互相矛盾。这就需要工程项目管理者对不同的需求加以协调，统筹兼顾，以维持大局稳定和平衡，最大限度地调动工程项目所有利益相关者的积极性，减少他们给施工管理带来的消极影响。

（三）施工组织

组织就是把多个本不相干的个人或群体联系起来，做一个人或独立群体无法做成的事。项目施工组织不是依靠企业品牌和成功项目的范例就可以成功的。对项目经理来说，要管理好一个项目，首先就要懂得如何组织。而成功的组织又要充分考虑工程建设项目的特点，抓不住项目特点的组织将是失败的组织。

要想组织好一个项目，首先要抓住人员的组织。人员组织的基本原则是因事设人，即必须根据工程项目的具体任务事先设置相应的组织机构，使组织起来的人员各司其职。事前选好人，事中用活人，事后激励人，是项目经理的用人之道。工程施工项目的一次性特点决定了其机构设置要灵活，组织形式要实用，人员进出不固定，柔性、变性更突出，这就要求项目经理具备一定的预见性和协调能力。人员的组织，必须避免或尽量减少"定来不定走，定坑不挪窝，不用走不得，用者调不来"的情况发生。

工程项目施工组织的柔性反映在各个项目利益相关者之间的联系都是有条件的、松散的，甚至是临时性的。利益相关者是通过合同、协议、法规、义务、各种社会关系、政治目的、经济利益等结合起来的，因此在项目组织过程中要有针对性地区别组织。工程项目施工组织不像其他工作组织那样有明晰的组织边界，项目利益相关者及其部分成员在某一工程项目实施前属于其他项目组织，在该项目实施后才属于同一个项目组织，有的还兼顾其他项目组织，而在工程项目实施中途或完毕后可能又属于另一个项目组织。例如，材料或劳务供应者，在某一项目实施前就已经为其他施工企业提供货源或人力，在该项目实施后才与该项目部合作，有可能同时在给原来的项目和其他新项目提供服务。

（四）环境

要使施工管理取得成功，项目经理除了需要对项目本身的组织及其内部环境有充分的了解，还需要对项目所处的外部环境有正确的认识和把握，以便实现内部团结合作、外部友好和谐。内外部环境涉及的领域十分广泛，每个领域的历史、现状和发展趋势都可能对水利工程施工管理产生或多或少的影响，在某种特定情况下甚至会产生决定性的影响。下面仅就水利工程施工外部环境中的文化环境进行简要分析。文化是人们在社会历史发展进程中所创造的物质财富和精神财富的总和，一般特指精神财富，如文学、艺术、音乐、教育、科学等，也包括行为方式、信仰、制度、惯例等。水利工程施工管理者要了解工程所在地的文化，尊重当地的风俗习惯，如：在制订施工项目进度计划时必须考虑当地的节假日习惯；在工程项目沟通中，要善于在适当的时候使用当地的语言和交往方式。

第三节　水利工程施工管理的目标与原则

一、管理目标

水利工程施工管理的目标主要包括确保工程质量、控制工程进度、保障施工安全和保护环境。这些目标的实现需要多方面的协调和管理。

（一）确保工程质量

确保工程质量是水利工程施工管理的首要目标。水利工程涉及大量的基础设施建设，如水库、堤防、水闸、泵站等，这些设施的安全性和可靠性直接关系到人民的生命财产安全和生态环境的保护。因此，施工管理必须贯穿整个施工过程，每一个环节都不能忽视。在施工过程中，施工企业需要对关键工序和隐蔽工程进行重点检查，确保施工质量符合设计要求。通过严格的施工管理和质量控制，施工企业可以及时发现和纠正施工中的质量问题，避免由施工质量问题导致的工程隐患，确保工程的安全性和可靠性，为工程的长期稳定运行提供保障。

（二）控制工程进度

控制工程进度是水利工程施工管理的重要目标之一。水利工程的建设周期通常较长，涉及多个专业领域的协调合作，因此控制工程进度尤为重要。施工企业需要制订科学的进度计划，明确各阶段的施工任务和时间节点；定期检查施工进度，对照进度计划，评估实际进度与计划进度的偏差，及时发现和解决影响进度的问题。当发现进度滞后时，施工企业需要分析原因并提出调整建议，如增加施工人员和设备、优化施工方案、调整施工顺序等。施工企业需要通过有效的进度控制，确保工程按计划推进，避免由进度延误导致的工期延长和成本增加。合理的进度管理不仅可以提高施工效率，还可以为工程的顺利实施提供保障，确保工程按时完工，满足建设单位和使用单位的需求。

（三）保障施工安全

保障施工安全是水利工程施工管理的重要目标之一。水利工程的施工环境复杂，涉及大量的高空作业、深基坑开挖作业等高风险作业。要保障施工安全，施工企业就需要建立完善的安全生产责任制，明确各级管理人员的职责，确保每个环节都有专人负责。例如：施工企业需要制定详细的安全生产管理制度，包括安全教育培训制度、应急救援制度等；需要定期进行安全检查，发现安全隐患及时发出整改通知。施工企业需要通过严格的施工安全管理，有效预防和控制施工过程中的安全事故，保障施工人员的生命安全和身体健康，避免由安全事故导致的工程延误和经济损失。

（四）保护环境

保护环境是水利工程施工管理的重要目标之一。水利工程的建设对生态环境的影响较大，因此施工企业需要注重环境保护，将工程建设过程对环境的影响降到最低。为此，施工企业需要从多个方面入手：制定详细的环境保护措施，包括废水、废气的处理措施，噪声控制措施等；定期进行环境监测，记录监测数据，发现环境问题及时发出整改通知。施工企业需要通过严格的环境保护管理，有效减少施工过程中的环境污染，保护周边的生态环境。

二、管理原则

水利工程施工管理应遵循科学性原则、系统性原则、规范性原则和经济性原则。这些原则是确保施工管理目标实现的重要保障。

（一）科学性原则

科学性原则要求企业采取科学的方法和技术进行水利工程施工管理。水利工程施工管理涉及多个学科的知识和技术，如土木工程学、水文学、环境科学等。因此，施工企业需要采用科学的方法和技术，确保水利工程施工管理的科学性和有效性。例如：施工企业需要采用现代信息技术，如 BIM（建筑信息模型）技术，提高施工管理的信息化水平；需要采用先进的施工技术，提高施工效率和工程质量；需要采用科学的管理方法，确保管理持续改进。通过科学的施工管理，施工企业可以提高工程的管理水平，确保工程顺利实施。

（二）系统性原则

系统性原则要求施工管理涵盖工程的各个方面。水利工程施工管理是一个复杂的系统工程，涉及多个环节，因此施工企业需要从系统的角度出发，统筹考虑各个环节的协调和配合。例如：施工企业需要建立完善的施工管理体系，包括质量管理体系、进度管理体系、成本管理体系、安全管理体系、环境管理体系等；需要建立有效的沟通协调机制，确保各参与单位之间的信息畅通和资源共享；需要建立科学的决策机制，确保管理决策的科学性和合理性。

（三）规范性原则

规范性原则要求施工企业遵循国家和行业的相关法律法规和标准，确保水利工程施工管理的合法性和规范性。例如：施工企业需要遵守《中华人民共和国建筑法》《建设工程质量管理条例》等法律法规，确保工程的合法性和合规性；需要遵循《水利水电工程施工导流设计规范》（SL 623—2013）及《水利水电工程施工测量规范》（SL 52—2015）等标准，确保工程的质量和安全。通过规范的施工管理，施工企业可以确保工程的合法性和合规性，避免由管理不规范导致的法律风险和工程隐患。

（四）经济性原则

水利工程的建设投资通常较大，合理的成本控制可以提高资金使用效率，确保工程在预算范围内顺利完成。经济性原则要求施工企业在确保工程质量的前提下，通过科学的管理和技术手段，合理控制工程成本。例如：施工企业需要通过优化设计方案，减少不必要的工程量和材料浪费；需要通过招标和竞争性谈判，选择性价比高的材料供应商；需要通过科学的施工组织和管理，提高施工效率，减少返工和浪费。通过经济性的施工管理，施工企业可以在确保工程质量的前提下，最大限度地节省工程投资。

第二章 水利工程施工进度管理

第一节 施工进度计划的编制

一、施工进度计划相关概念

（一）进度与进度指标

进度是工程项目实施过程中的进展情况。

进度管理的基本对象是工程活动。它包括项目结构图上各个层次的单元，上至整个项目，下至各个工作包（有时直到最低层次网络上的工程活动）。项目进度状况通常是通过各工程活动完成程度（百分比）逐层统计汇总计算得到的。进度指标的确定对进度的表达、计算、控制有很大影响。由于一个水利工程有不同的子项目、工作包，它们的工作内容和性质不同，因此必须挑选出一些对所有水利工程活动都适用的计量单位。

1.持续时间

持续时间（工程活动的或整个项目的），是进度的重要指标。人们常用已经使用的工期与计划工期相比较以描述水利工程的完成程度。例如，一个工程的计划工期两年，现已经进行了一年，则工期已达 50%；一个工程活动，计划持续时间为 30 d，现已经进行了 15 d，则工期已达 50%。但通常还不能说工程进度已达 50%，因为工期与通常概念上的进度是不一致的，工程的效率和速度不是一条直线，如通常工程项目开始时工作效率很低，进度慢；到工程中期投入最大，进度最快；而后期投入又较少，进度又变慢。所以，工期达到 50%并不能表示进度达到了 50%，实际效率可能远低于计划的效率。

2.工程活动的结果状态数量

对水利工程活动的结果状态数量进行描述主要针对专门的领域，如生产对象简单、工程活动简单的工程。例如：设计工作按资料数量（图纸、规范等）来描述，混凝土工程按体积（墙、基础、柱）来描述，设备安装按吨位来描述，管道、道路按长度来描述，预制件按数量、重量、体积来描述，运输量以吨、千米来描述，土石方以体积或运载量来描述。特别是当项目的任务仅为完成这些分部工程时，以它们作指标比较能反映实际情况。

3.已完成工程的价值量

已完成水利工程的价值量根据已经完成的工作量与相应的合同价格（单价）或预算价格计算。它将不同种类的分项工程统一起来，能够较好地反映工程的进度状况，是常用的进度指标。

4.资源消耗指标

常用的资源消耗指标有劳动工时、机械台班、成本消耗等。它们有统一性和较好的可比性，即各个水利工程活动甚至整个项目部都可以用它们作为指标，这样可以统一分析尺度，但在实际工程中要注意如下问题：

（1）投入资源数量有时会和进度相背离，从而产生误导。例如，某活动计划需要 100 工时，现已用 60 工时，进度已达 60%。但这仅是偶然的，计划劳动效率和实际劳动效率不会完全相等。

（2）由于实际工作量和计划经常有差别，如计划 100 工时，由于工程变更，工作难度增加，工作条件变化，需要 120 工时，现完成 60 工时，实际仅完成 50%，而不是 60%。因此，只有当计划正确（或反映最新情况）并按预定的效率施工时才能得到正确的结果。

（3）在工程中，人们经常用成本反映工程进度，但要剔除如下因素：①由不正常原因造成的成本损失，如返工、窝工、停工；②由价格原因（如材料涨价、工资提高）造成的成本的增加。另外，还要考虑实际工程量、工程（工作）范围的变化造成的影响。

（二）施工进度计划

施工进度计划是以拟建工程为对象，规定各项工程的施工顺序和开工时间、竣工时间的施工计划，规定主要施工准备工作和主体工程的开工时间、竣工时间、投产发挥效益时间、施工程序和施工强度的技术文件。

施工进度计划是施工组织设计的中心内容，它要保证建设工程按合同规定的期限交付使用。施工中的其他工作必须围绕并适应施工进度计划的要求进行安排。

二、施工进度计划的编制依据

（一）项目合同和设计文件

施工进度计划的编制首先需要依据项目合同和设计文件。项目合同明确规定了工程的建设范围、质量要求、工期要求和付款条件等，是编制施工进度计划的重要依据。设计文件则提供了详细的工程设计图纸和技术规范，明确了各施工阶段的具体任务和技术要求。例如，设计文件中的施工图和结构图详细标明了各个结构部件的尺寸、材料和施工方法，可以为施工进度计划的编制提供具体的参考。通过仔细研读项目合同和设计文件，施工企业可以确保施工进度计划符合合同要求和设计标准，避免由理解偏差导致的进度安排不合理。

（二）国家和行业标准

国家和行业标准是编制施工进度计划的重要依据，它们为施工活动提供了统一的技术规范和管理要求。国家和行业标准涵盖施工质量、安全、环保等方面的要求，可以确保工程的合法性和合规性。例如，国家标准《建筑工程施工质量验收统一标准》（GB 50300—2013）对施工质量验收提出了明确的要求。通过严格遵循国家和行业标准，施工企业可以确保施工进度计划的编制符合法律法规和技术规范，提高工程的质量和安全性。

三、施工进度计划的编制内容

（一）总体进度计划

总体进度计划是水利工程施工进度管理的核心文件，它涵盖了整个项目的施工周期，明确了各个施工阶段的时间节点和主要任务。在制订总体进度计划时，施工企业需要综合考虑项目的规模、复杂程度和施工条件，确保施工活动的科学性和可行性。总体进度计划需要包括项目的开工日期、各主要施工阶段的开始日期和结束日期、关键节点的完成日期等。科学的总体进度计划可以确保项目的整体进度按计划推进，避免由进度延误导致的工期延长和成本增加。

（二）分阶段进度计划

分阶段进度计划是对总体进度计划的细化，它将整个项目分为若干个施工阶段，每个阶段都有详细的时间安排和具体任务。在制订分阶段进度计划时，施工企业需要根据项目的实际情况和施工条件，合理安排各阶段的施工任务和时间节点。例如，对于一座大型水库项目，分阶段进度计划可以分为土石方开挖、大坝浇筑、机电设备安装等阶段，每个阶段都有详细的时间安排和具体任务。合理的分阶段进度计划可以确保各施工阶段顺利进行，提高施工效率，确保项目按计划推进。

（三）关键节点计划

关键节点计划明确了项目中的关键节点及其完成时间。关键节点是指对项目进度有重大影响的关键任务和里程碑事件，如开工仪式、主体结构封顶、竣工验收等。施工企业需要根据项目的实际情况和施工条件，合理安排关键节点的时间节点。例如，关键节点计划需要明确开工日期、主体结构封项日期、竣工验收日期等。恰当的关键节点计划可以确保项目的关键任务按时完成，避免因关键节点延误而影响整个项目的进度。

四、施工进度计划的编制方法

（一）采用关键路径法

关键路径法（critical path method, CPM）是一种常用的施工进度计划编制方法，其通过识别和分析项目中所有任务的依赖关系，确定项目的最短完成时间。CPM 的核心在于识别关键路径，即项目中一系列相互依赖的任务，这些任务的总持续时间决定了项目的最短完成时间。通过关键路径法，项目管理者可以明确哪些任务是关键任务，哪些任务有浮动时间，从而合理安排资源，确保关键任务按时完成。例如，在一个大型水库建设项目中，关键路径可能包括土石方开挖、大坝浇筑、机电设备安装等任务，项目管理者通过详细分析这些任务的依赖关系和持续时间，可以确定项目的最短完成时间，确保项目按计划推进。

（二）采用计划评审法

在编制施工进度计划时，项目管理者可以采用计划评审法（program evaluation and review technique, PERT）。PERT 通过估计每个任务的乐观时间、最可能时间和悲观时间，计算出每个任务的期望时间和标准差，从而确定项目的最短完成时间和风险水平。PERT 特别适用于复杂且存在不确定性的项目，可以帮助项目管理者更好地评估和管理项目风险。例如，在一个水电站建设项目中，由于地质条件和天气因素的不确定性，某些任务的持续时间可能存在较大的波动。通过 PERT 方法，项目管理者可以更准确地估计这些任务的期望时间和风险水平，从而制订更为科学的进度计划，确保项目按照计划推进。

（三）编制甘特图

甘特图（Gantt chart）由美国机械工程师和管理学家甘特（Henry Laurence Gantt）首创，是一种直观展示项目进度的图表，其通过时间轴上的条形图表示各个任务的开始时间、持续时间和结束时间。甘特图不仅能够清晰地展示项目的总体进度，还能直观地显示各个任务之间的依赖关系和关键路径。甘特图的编制方法简单明了，易于理解和使用，是项目管理中常用的一种工具。例如，在一个大型水利工程建设项目中，甘特图可以清晰地展示土石方开挖、桩基施工、浇筑、铺设等任务的进度安排，帮助项目管理者及时掌握项目的进展情况。

五、施工进度计划的审批

（一）内部审批流程

在施工进度计划编制完成后，对其进行内部审批是十分必要的。内部审批流程通常包括项目管理团队的初步审核、部门经理的复审和企业高层的最终审批。项目管理团队需要对施工进度计划的编制依据、内容和方法进行初步审核，确保其符合项目合同和设计文件的要求。部门经理需要对施工进度计划的科学性和可行性进行复审，确保其符合企业的管理标准和技术规范。企业高层需要对施工进度计划的总体安排和关键节点进行最终审批，确保其符合企业的战略目标。严格的内部审批流程可以确保施工进度计划的科学性和可行性，为项目的顺利实施提供保障。

（二）监理单位审核

监理单位在水利工程进度计划的审批过程中起着重要的监督作用。监理单位需要对施工进度计划的编制依据、内容和方法进行审核，确保其符合国家和行业的相关标准和规范。监理单位还需要对施工进度计划的科学性和可行性进行评估，确保其能够指导施工活动顺利进行。例如，监理单位需要检查施工进度计划中的关键路径是否合理、各阶段的任务安排是否科学、配置的资源是否充足等。监理单位审核可以确保施工进度计划的合法性和合规性，避免由计划不当导致的施工问题。

（三）建设单位批准

建设单位是施工进度计划的最终批准方，其批准意见对项目的实施具有决定性的作用。建设单位需要对施工进度计划的编制依据、内容和方法进行最终审核，确保其符合项目合同和设计文件的要求。建设单位还需要对施工进度计划的科学性和可行性进行评估，确保其能够指导施工活动顺利进行。例如，建设单位需要检查施工进度计划中的总体安排是否合理等。

第二节　施工进度的监控

一、施工进度监控的方法

（一）定期检查与记录

定期检查与记录是水利工程施工进度监控的基本方法。定期对施工现场进行检查，记录施工进展情况，可以确保施工活动按计划进行。定期检查通常由项目管理团队或监理单位负责，检查内容包括施工进度、质量、安全等方面。例如，项目管理团队应每周对施工现场进行一次全面检查，记录各施工阶段的实际进度，检查施工质量是否符合设计要求，确保施工安全措施落实到位。

（二）定期编制进度报告，召开进度会议

定期编制进度报告和召开进度会议，有利于项目各方及时了解施工进展，协调解决施工中的问题。

进度报告通常包括施工进度的总体情况、关键节点的完成情况、存在的问题及解决措施等内容。项目管理团队应每月编制一份详细的进度报告，提交给建设单位和监理单位，报告中详细记录各施工阶段的实际进度、存在的问题及解决措施。

进度会议通常每月召开一次，参会人员包括项目管理团队、监理单位、建设单位等，会上讨论施工进度情况，协调解决施工中的问题，确保项目按计划推进。

（三）对比实际进度与计划进度

对比实际进度与计划进度，有利于施工企业及时发现进度偏差，进而采取相应的调整措施。实际进度与计划进度的对比通常通过甘特图等工具进行，这些工具可以直观地展示各施工阶段的实际进度与计划进度的差异。例如，项目管理团队应每周更新一次甘特图，将实际进度与计划进度进行对比，在发现进度偏差后立即分析原因，制定调整措施。

二、施工进度监控的工具

（一）项目管理软件

在水利工程施工进度监控中，项目管理软件是常用的工具。通过 Microsoft Project 等项目管理软件，项目管理团队可以实时记录和管理施工进度，生成各种进度报告，提高进度管理的效率和准确性。项目管理软件通常具备任务管理、进度跟踪、资源分配、风险管理等功能，能够全面支持施工进度的监控与调整。

（二）进度跟踪表

进度跟踪表是水利工程施工进度监控的常用工具。进度跟踪表可以详细记录各施工阶段的实际进度，便于项目管理团队及时了解施工进展情况。进度跟踪表通常包括任务名称、计划开始时间、计划结束时间、实际开始时间、实际结束时间、完成百分比等内容。项目管理团队应每周更新一次进度跟踪表，记录各施工阶段的实际进度，检查是否存在进度滞后的情况。通过进度跟踪表，项目管理团队可以及时发现进度偏差，从而采取相应的调整措施，确保项目按计划推进。

（三）电子看板

电子看板是水利工程施工进度监控的现代化工具。电子看板可以实时展示施工进度，便于项目各方及时了解施工进展情况，协调解决施工中的问题。电子看板通常安装在施工现场的显眼位置，通过大屏幕显示任务完成情况、关键节点的完成情况等施工进度信息。充分利用电子看板，可以提高施工进度管理的透明度和效率，确保项目按计划推进。

第三节 施工进度延误的预防与应对

一、延误原因

（一）内部原因

内部原因是导致施工进度延误的主要原因之一。常见的内部原因包括资源不足、管理不善、技术问题等。资源不足表现为人力、机械设备和材料的不足，容易导致施工无法按计划进行。管理不善则表现为项目管理团队的协调能力不足，容易导致施工活动混乱、进度失控。技术问题包括施工方案不合理、施工工艺不成熟等，这些问题可能导致施工效率低下，甚至需要返工。合理的内部原因分析结果，可以为后续预防和应对措施的制定提供科学依据，确保施工进度顺利推进。

（二）外部原因

外部原因也是导致施工进度延误的重要因素。常见的外部原因包括天气影响、材料供应延迟、政府政策变化等。天气影响是水利工程中常见的外部因素，恶劣的天气条件如暴雨、台风等可能导致土石方开挖和混凝土浇筑等户外作业无法按计划进行。材料供应延迟会影响施工进度，供应商的生产问题或物流问题都可能导致材料供应延迟。政府政策变化也可能对施工进度产生影响，如环保政策的调整可能导致施工活动暂停或调整。

二、延误的预防措施

（一）风险识别与评估

风险识别与评估是预防水利工程施工进度延误的重要措施。系统地识别和评估潜在的风险，有助于项目管理团队提前采取预防措施，降低进度延误的可能性。风险识别是指对项目内外部环境进行全面分析，识别可能影响施工进度的各种风险因素。例如，项目管理团队可以结合历史数据、专家意见和现场调查结果等，识别资源不足、管理不善、天气影响、材料供应延迟等风险。风险评估则是对识别出的风险进行量化分析，评估其发生的可能性和影响程度。例如，项目管理团队可以使用风险矩阵法，将风险分为高、中、低三个等级，优先处理高风险因素。

（二）应急预案的制定

应急预案的制定是预防水利工程施工进度延误的重要措施。项目管理团队可以通过制定详细的应急预案，在风险发生时迅速采取应对措施，减少进度延误的影响。应急预案通常包括风险应对措施、责任分工等内容。例如，项目管理团队针对天气影响，可以提前制订恶劣天气下的施工方案，如增加防雨棚、调整施工时间等。在应急预案中明确各方的责任分工，可以确保在风险发生时，相关人员能够迅速响应，采取有效措施。应急预案的制定，可以提高项目的抗风险能力，确保施工进度顺利推进。

（三）资源储备与调度

资源储备与调度是预防水利工程施工进度延误的重要措施。合理储备和调度资源，可以确保施工活动顺利进行，减少由资源不足导致的进度延误。资源储备包括人力、机械设备和材料的储备。例如：项目管理团队可以提前招聘和培训施工人员，确保施工人员充足；可以提前采购和储备关键材料，确保材料及时供应。资源调度则包括对现有资源的合理调配和使用。项目管理团队可以通过优化施工方案，合理安排施工人员和机械设备，提高资源的利用效率。此外，项目管理团队还可以通过建立资源调度中心，实时监控资源的使用情况，及时调整资源分配方案。

三、延误的应对策略

（一）建立快速反应机制

建立快速反应机制是应对水利工程施工进度延误的重要策略之一。建立快速反应机制，有利于项目管理团队在发现进度延误的第一时间采取有效措施，减少延误的影响。

建立快速反应机制通常可以从以下几个方面入手：

一是建立信息反馈系统，确保项目管理团队能够及时获取施工现场的最新信息，如进度报告、检查记录等。

二是设立专门的应急小组。应急小组负责处理进度延误问题，其成员应包括项目经理、技术负责人、安全管理人员等关键岗位人员。

三是制定快速响应流程，明确发现进度延误后的处理步骤。快速响应流程示例如下：一旦发现某关键节点的进度延误，应急小组就立即召开会议，分析原因，制定应对措施，并迅速调配资源，确保进度尽快恢复正常。

（二）协调各方资源

协调各方资源是应对水利工程施工进度延误的重要策略之一。协调各方资源，可以确保项目在进度延误的情况下仍能顺利推进。协调资源包括内部资源和外部资源。内部资源包括施工人员、机械设备和材料等，外部资源包括供应商、分包商、政府部门等。例如，当发现进度延误时，项目管理团队可以调拨更多的施工人员，增加挖掘机、推土机、混凝土搅拌机等机械设备的投入，加快施工速度；可以与供应商协商，确保材料及时供应；还可以与政府部门沟通，争取政策支持和资源协调。

（三）进行法律与合同管理

通过法律与合同管理，项目管理团队可以确保项目在进度延误的情况下仍能依法依规进行，减少法律风险和合同纠纷。

法律管理的目的是使施工活动遵守国家和行业的相关法律法规，确保项目的合法性和合规性。项目管理团队需要确保施工活动符合《中华人民共和国建筑法》《中华人民共和国安全生产法》等相关法律法规的要求，避免违法违规导致的停工或罚款。

合同管理的目的是使施工活动严格履行项目合同，确保各方的权利和义务得到落实。项目管理团队需要与建设单位、监理单位、施工单位等签订详细的合同，明确各方的责任和义务，确保合同条款得到严格执行。当发现进度延误时，项目管理团队应及时与相关方沟通，协商解决办法，避免合同纠纷导致的进一步延误。

（四）加班加点

加班加点就是适当延长工作时间，增加施工人员的工作量，这样可以加快施工进度，弥补延误的影响。加班加点需要根据项目的实际情况和施工条件进行合理安排，但应注意的是，必须确保施工人员的休息和安全，避免施工人员过度劳累导致的安全事故。

（五）调整施工顺序

当发现进度延误时，项目管理团队可以通过调整施工顺序，减少施工过程中的等待时间和资源闲置时间，提高施工效率，优化施工流程，减少施工时间。如果某个施工阶段的进度滞后，项目管理团队就可以将后续的一些非关键任务提前进行，以缩短总工期。

第三章 水利工程施工成本管理

第一节 施工成本的概念和主要形式

一、施工成本的概念

施工成本是指建筑施工企业完成单位施工项目所发生的全部生产费用的总和，包括完成该项目所发生的人工费、材料费、施工机械使用费、措施费、管理费等，但是不包括利润和税金，也不包括构成施工项目价值的一切非生产性支出。

二、施工成本的主要形式

（一）直接成本和间接成本

施工成本按照生产费用计入成本的方法可分为直接成本和间接成本。

1.直接成本

直接成本是指直接用于并能够直接计入施工项目的费用，包括以下几个方面：

（1）直接工程费：人工费、材料费、施工机械使用费。

（2）措施费：环境保护费、文明施工费、安全施工费、临时设施摊销费、夜间施工费、材料二次搬运费、大型机械设备进出场及安装费、混凝土或钢筋混凝土模板及支架费、脚手架费、已完成工程及设备保护费、施工排水费、降水费。

2.间接成本

间接成本是指不能够直接计入施工项目的费用，只能按照一定的计算基数和一定的比例分配并计入施工项目的费用，包括以下几个方面：

（1）规费：工程排污费、工程定额测定费、住房公积金、社会保障费（包括养老、失业、医疗保险费）、危险作业意外伤害保险费。

（2）管理费：管理人员工资、办公费、差旅交通费、工会经费、固定资产使用费、工具用具使用费、劳动保险费、职工教育经费、财产保险费、财务费。

（二）固定成本和变动成本

施工成本按照生产费用与产量的关系可分为固定成本和变动成本。

在一段时间和一定工程量的范围内，固定成本不会随工程量的变动而变动，如折旧费、大修费等；变动成本会随工程量的变化而变动，如人工费、材料费等。

（三）预算成本、计划成本和实际成本

施工成本按照发生的时间可分为预算成本、计划成本和实际成本。

预算成本是根据施工图结合国家或地区的预算定额及施工技术等条件计算出的工程费用。它是确定工程造价和施工企业投标报价的依据，也是编制计划成本和考核实际成本的依据。它反映的是一定范围内的平均水平。

计划成本是项目经理在施工前，根据施工成本管理目的，结合施工项目的实际管理水平编制的计算成本。编制计划成本有利于加强项目成本管理，建立健全施工成本责任制，控制成本消耗，提高经济效益。它反映的是企业的平均先进水平。

实际成本是施工项目在报告期内通过会计核算计算出的项目的实际消耗。

第二节　水利工程施工成本管理的
基本内容

水利工程施工成本管理的基本内容包括施工成本预测和决策、施工成本计划、施工成本控制、施工成本核算、施工成本分析以及施工成本考核。其中，施工成本计划的编制与实施是关键环节。在进行水利工程施工成本管理的过程中，必须具体研究每一项内容的有效工作方式和关键控制措施，从而使项目整体的成本管理获得预期效果。

一、施工成本预测和决策

施工成本预测是根据一定的成本信息，结合施工项目的具体情况，采用一定的方法对施工成本的发展趋势进行的判断和推测。成本决策则是在预测的基础上确定降低成本的方案，并从可选的方案中选择最佳的成本方案。下面主要介绍施工成本预测的方法。

施工成本预测的方法有定性预测法和定量预测法。

（一）定性预测法

定性预测法是指具有一定经验的人员或有关专家依据自己的经验和能力水平对成本未来发展的态势或性质进行分析和判断的方法。该方法受人为因素影响很大，并且不能量化，具体包括专家会议法、专家调查法（德尔菲法）、主观概率预测法。

（二）定量预测法

定量预测法是指根据收集得比较完备的历史数据，相关人员运用一定的方法计算分析来判断成本变化情况的方法。该方法受历史数据的影响较大，可以量化，具体包括移动平均法、指数平滑法、回归预测法。

二、施工成本计划

制订施工成本计划是一切管理活动的首要环节。施工成本计划是在施工成本预测和决策的基础上对成本的实施进行计划性的安排和布置，是降低施工成本的指导性文件。

制订施工成本计划的原则如下：

第一，从实际出发原则。从实际出发就是施工企业根据国家的方针政策，从自身的实际情况出发，充分挖掘企业内部潜力，切实降低成本指标。

第二，与其他目标计划相结合原则。工程项目施工成本计划必须与其他各项计划密切结合。一方面，工程项目施工成本计划要根据项目的技术组织计划、劳动工资计划、材料供应计划等来编制；另一方面，工程项目施工成本计划又影响着其他各种计划指标，适应降低成本指标的要求。

第三，采用先进的经济技术定额的原则。施工企业应根据施工的具体特点，有针对性地采取切实可行的技术组织措施。

第四，统一领导、分级管理原则。在项目经理的领导下，项目部要以财务和计划部门为中心，发动全体职工共同总结降低成本的经验，找出降低成本的正确途径。

第五，弹性原则。施工成本计划应留有充分的余地，使目标成本有一定的弹性。在制订施工成本计划的过程中，项目经理部内外技术经济状况和供销条件会发生一些不可预料的变化，尤其是供应材料，其市场价格多变，给目标成本的确定带来了一定的困难，因而在制订施工成本计划时应充分考虑这些情况，使施工成本计划具有一定的适应能力。

三、施工成本控制

施工成本控制主要是指在项目施工过程中，施工企业通过一定的方法和技术措施，加强对各种影响成本的因素的管理，将施工中所发生的各种消耗和支出尽量控制在施工成本计划内。

施工成本控制的任务包括：建立成本管理体系；将各项费用指标进行分解，以确定各个部门的成本指标；加强成本控制。施工成本控制要以合同造价为依据，从预算成本和实际成本两个方面控制施工成本。实际成本控制应对主要工料的数量和单价、分包成本等影响成本的主要因素进行控制，主要包括：加强对施工任务单和限额领料单的管理，将施工任务单和限额领料单的结算资料与施工预算进行核对；计算分部（分项）工程成本差异，分析产生差异的原因，采取相应的纠偏措施；做好月度成本原始资料的收集、整理及月度成本核算；在月度成本核算的基础上，实行责任成本核算；经常检查对外经济合同履行情况，定期检查各责任部门和责任者的成本控制情况，检查责、权、利的落实情况。

四、施工成本核算

施工成本核算是指对项目施工过程中所发生的各种费用进行核算。它包括两个基本环节：一是归集费用，计算成本实际发生额；二是采取一定的方法计算项目的总成本和单位成本。

（一）施工成本核算的对象

（1）一个单位工程由多个施工单位共同施工，各单位都应以同一单位工程作为成本核算对象。

（2）规模大、工期长的单位工程可以划分为若干部位，以分部工程作为成本核算对象。

（3）同一建设项目由同一施工单位施工，在同一施工地点，属于同一结构类型，开工、竣工时间相近的若干单位工程可以合并为一个成本核算对象。

（4）改、扩建的零星工程可以将开工、竣工时间相近，且属于同一个建设项目的各单位工程合并成一个成本核算对象。

（5）土方工程、打桩工程可以根据实际情况，以一个单位工程为成本核算对象。

（二）施工成本核算的基本框架

（1）人工费核算：内包人工费、外包人工费。

（2）材料费核算：编制材料消耗汇总表。

（3）周转材料费核算：①实行内部租赁制；②项目经理部与出租方按月结算租赁费用；③在周转材料进出时，加强计量验收制度；④租用周转材料的进退场费，按照实际发生数，由调入方承担；⑤对于 U 形卡、脚手架等零件，在竣工验收时进行清点，按实际情况计入成本；⑥在租赁周转材料时，不再分配承担周转材料差价。

（4）结构件费核算：①按照单位工程使用对象编制结构件耗用月报表；②结构件单价以项目经理部与外加工单位签订的合同为准；③耗用的结构件品种和数量应与施工产值相对应；④结构件的高进、高出价差核算同材料费的高进、高出价差核算一致；⑤若发生结构件的一般价差，则可计入当月项目成本；⑥部位分项分包工程，按照企业通常采用的类似结构件管理核算方法；⑦在结构件外加工和部位分项分包工程施工过程中，尽量获取经营利益或转嫁压价、让利风险所产生的利益。

（5）施工机械使用费核算：①机械实行内部租赁制；②租赁费根据机械使用台班、停用台班和内部租赁价计算，计入项目成本；③机械进出场费，按规定由承租项目承担；④各类大中小型机械的租赁费全额计入项目机械成本；⑤结算原始凭证由项目指定人签证，确认开班和停班数，据以结算费用；⑥向外部单位租赁机械，按当月租赁费用金额计入项目机械成本。

（6）其他直接费核算：①材料二次搬运费，临时设施摊销费；②生产工具用具使用费；③除上述费用外，其他直接费均按实际发生时的有效结算凭证计算，计入项目成本。

（7）施工间接费核算：①要求以项目经理部为单位编制工资单和奖金单，列支工作人员薪金；②劳务公司所提供的炊事人员、服务人员、警卫人员承包服务费计入施工间接费；③内部银行的存贷利息，计入内部利息；④先按项目归集施工间接费总账，再按一定分配标准计入收益成本。

（8）分包工程成本核算：①清包工程，纳入外包人工费内核算；②部位分项分包工程，纳入结构件费内核算；③机械作业分包工程，只统计分包费用，不包括物耗价值；④项目经理部应增设分建成本项目，核算双包工程、机械作业分包工程的成本状况。

五、施工成本分析

施工成本分析就是在施工成本核算的基础上采用一定的方法，对所发生的成本进行比较分析，检查成本发生的合理性，找出成本的变动规律，寻求降低成本的途径。施工成本分析的方法主要有对比分析法、连环替代法和挣值法。

（一）对比分析法

对比分析法是通过实际完成成本与计划成本或承包成本进行对比，找出差异，分析原因，以便改进。这种方法简单易行，但比较指标的内容要保持一致。

（二）连环替代法

连环替代法可用来分析各种因素对成本造成的影响。分析的顺序如下：先绝对量指标，后相对量指标；先实物量指标，后货币量指标。在进行分析时，首先要假定众因素中的一个因素发生变化，而其他因素不变，然后逐个替换，分别比较计算结果，以确定各个因素对施工成本的影响程度。

（三）挣值法

挣值法主要用来分析项目已完成工作的实际成本与项目计划完成工作的预算成本之间的差异，是一种偏差分析方法，其分析过程如下：

1.明确三个关键变量

（1）项目计划完成工作的预算成本（BCWS）

在项目的进度时间-预算成本坐标中，随着项目的进展，BCWS 呈 S 状曲线不断增加，直到项目结束，达到最大值。其计算公式为：

$$BCWS = 计划工作量 \times 预算单价$$

（2）项目已完成工作的实际成本（ACWP）

ACWP 是项目在计划时间内，实际完工投入的成本累积总额，随着项目的推进而不断增加。

（3）项目已完成工作的预算成本（BCWP）

BCWP 即"挣值"，它是项目在计划时间内，实际完成工作量的预算成本总额，也就是以项目预算成本为依据，计算出的项目已创造的实际完成工作的计划支付成本。其计算公式为：

$$BCWP = 已完成工作量 \times 该工作量的预算单价$$

2.两种偏差的计算

（1）项目成本偏差（CV）

项目成本偏差是指已完成工作的预算成本与实际成本之间的绝对差异。

其计算公式为：

$$CV＝BCWP－ACWP$$

当 CV＞0 时，项目实施处于节支状态，完成同样工作所花费的实际成本少于预算成本；当 CV＜0 时，项目实施处于超支状态，完成同样工作所花费的实际成本多于预算成本。

（2）项目进度偏差（SV）

项目进度偏差是指截至某一时点，实际已完成工作的预算成本同截至该时点计划完成工作的预算成本之间的绝对差异。其计算公式为：

$$SV＝BCWP－BCWS$$

当 SV＞0 时，项目实施超前于计划进度；当 SV＜0 时，项目实施落后于计划进度。

3.明确两个指数变量

（1）计划完工指数（SCI）

计划完工指数是指以截至某一时点的预算成本的完成量为衡量标准，计算在该时点之前项目已完成工作量占计划应完成工作量的比例。其计算公式为：

$$SCI＝BCWP/BCWS$$

当 SCI＞1 时，项目实际完成的工作量超过计划工作量；当 SCI＜1 时，项目实际完成的工作量少于计划工作量。

（2）成本绩效指数（CPI）

成本绩效指数是指已完成工作实际所花费的成本是已完成工作计划花费的预算成本的多少倍，即用来衡量资金的使用效率。其计算公式为：

$$CPI＝ACWP/BCWP$$

当 CPI＞1 时，实际成本多于计划成本，资金使用率较低；当 CPI＜1 时，实际成本少于计划成本，资金使用率较高。

六、施工成本考核

施工成本考核就是在项目竣工后，对项目成本的负责人考核其成本完成情况，以做到有奖有罚，避免"吃大锅饭"，提高职工的劳动积极性。

施工成本考核的目的是通过衡量施工成本降低的实际成果，对施工成本指标完成情况进行总结和评价。

施工成本考核应分层进行，施工企业对项目经理部进行考核，项目经理部对项目部内部各作业队进行考核。

施工成本考核的内容包括计划目标成本的完成情况，以及成本管理工作业绩。

施工成本考核的要求如下：

（1）施工企业在对项目经理部进行考核时，以责任目标成本为依据。

（2）项目经理部以控制过程为考核重点。

（3）施工成本考核要与进度、质量、安全指标的完成情况相联系。

（4）应形成考核文件，将其作为对责任人进行奖罚的依据。

第三节　水利工程施工成本控制

一、施工成本控制的原则

（一）全面控制原则

全面控制原则要求施工过程中的每一项经济业务都纳入成本控制的范围，并实现施工成本的全员控制。施工成本的全员控制并不是抽象的概念，而应该有一个系统的成本控制体系，该体系包括各部门、各单位的责任网络和班组经济核算等，以防止成本控制人人有责却人人都不管的情况发生。

（二）动态控制原则

为贯彻动态控制原则，施工企业应做到以下几点：

（1）在施工阶段，重在执行成本计划，落实降低成本措施。

（2）施工成本控制应随施工过程连续进行，与施工进度同步，不能时紧时松，不能拖延。

（3）建立灵敏的成本信息反馈系统，使成本责任部门（人员）能及时获得信息，纠正不利成本偏差。

（4）制止不合理开支，把可能导致损失和浪费的因素都消灭在萌芽状态。

（三）目标管理原则和责、权、利相结合的原则

目标管理是贯彻执行计划的一种方法。目标管理原则要求把计划的方针、目的和措施等逐一分解，提出进一步的具体要求，并分别落实到执行计划的部门、单位甚至个人。

要使施工成本控制真正发挥及时有效的作用，必须严格按照经济责任制的要求，贯彻责、权、利相结合的原则。实践证明，只有责、权、利相结合的施工成本控制，才是名副其实的施工成本控制。

（四）节约原则

为贯彻节约原则，施工企业应做到以下几点：

（1）作为合同签约依据，编制的工程预算，应"以支定收"，在实施中按"支"控制资源消耗和费用支出。

（2）每发生一笔成本费用，都要核查是否合理。

（3）经常性的成本核算，要进行实际成本与预算成本的对比分析。

（4）抓住索赔机会，搞好索赔，据理力争建设单位应给予的经济补偿。

（5）严格控制成本开支范围、费用开支标准，对各项成本费用的支出进

行限制和监督。

（6）提高工程项目的科学管理水平，优化施工方案，提高生产效率，节约人、时、物的消耗。

（7）采取预防成本失控的技术组织措施，避免可能发生的浪费。

（8）施工的质量、进度、安全都对工程成本有很大的影响，因而施工成本控制必须与质量控制、进度控制、安全控制等工作相结合、相协调，避免返工（修）损失，降低质量成本，减少甚至杜绝工程延期违约罚款、安全事故损失费等费用支出的发生。

（9）坚持现场管理标准化，堵住浪费的漏洞。

二、施工成本控制的依据

（一）工程承包合同

工程承包合同是施工成本控制的主要依据。项目管理部应以施工承包合同为抓手，围绕施工成本管理目标，从预算成本和实际成本两条线，研究分析节约成本、增加收益的最佳途径，提高项目的经济效益。

（二）进度报告

进度报告提供了对应时间节点的工程实际完成量、工程施工成本实际支付情况及实际收到的工程款情况等重要信息。施工成本控制正是施工企业通过将实际情况与施工成本计划相比较，找出两者之间的差别，分析偏差产生的原因，从而采取措施加以改进的工作。另外，进度报告还有助于管理者及时发现工程实施中存在的隐患，以便及时采取有效措施，防患于未然。

（三）施工成本计划

施工成本计划是根据施工项目的具体情况制订的施工成本控制方案，既包括预定的具体成本控制目标，又包括实现控制目标的措施和规划，是施工成本控制的指导文件。

（四）各种变更资料

在工程施工过程中，各种原因都可能引起工程变更。工程变更一般包括设计变更、进度计划变更、施工条件变更、技术规范与标准变更、施工工艺和施工方法变更、工程量变更等。工程变更往往又会使工程量、工期、成本发生相应的变化，从而增加施工成本控制的难度。因此，施工成本管理人员应当及时掌握各种变更资料及其对施工成本的影响，计算、分析和判断变更可能带来的索赔额度等。

此外，有关施工组织设计、分包合同文本等也都是施工成本控制的依据。

三、施工成本控制的手段

（一）预算控制

预算控制是在施工前根据一定的标准（如定额）或者要求（如利润）计算的买卖（交易）价格，在市场经济中也叫作估算或承包价格。它作为一种收入的最高限额，减去预期利润，便是工程预算成本数额，可以用作成本控制的标准。预算控制可分为两种类型：一是包干预算控制，即一次性固定预算总额，不论中间有何变化，成本总额不予调整；二是弹性预算控制，即先确定包干总额，但是可根据工程的变化进行商洽，做出相应的变动。我国目前大部分工程采用弹性预算控制。

（二）会计控制

会计控制是指以会计方法为手段，以记录实际发生的经济业务及证明经济业务的合法凭证为依据，对成本的支出进行核算与监督，从而发挥成本控制作用。会计控制方法系统性强、严格、具体、计算准确、政策性强，是理想的也是必需的施工成本控制方法。

（三）制度控制

制度是对例行活动应遵行的方法、程序、要求及标准作出的规定。成本控制制度就是通过制定制度，对成本控制作出具体的规定，约束管理人员和施工人员，达到控制成本的目的。成本管理责任制度、技术组织措施制度、定额管理制度、材料管理制度、劳动工资管理制度、固定资产管理制度等，都与施工成本控制的关系非常密切。

在施工成本控制中，上述手段应综合使用，不应孤立地使用某一种控制手段。

四、施工成本控制常用的方法

（一）偏差分析法

在施工成本控制中，把已完工程成本的实际值与计划值的差异称为施工成本偏差，即施工成本偏差＝已完工程实际成本－已完工程计划成本。若计算结果为正数，则表示施工成本超支；若计算结果为负数，则表示施工成本节约。该方法是一种事后控制的方法，也可以说是一种成本分析方法。

（二）以施工图预算控制成本

在采用此法时，要认真分析企业实际的管理水平与定额水平之间的差异，否则达不到控制成本的目的。

1.人工费的控制

项目经理在与施工作业队签订劳动合同时，应该将人工费单价定得低一些，其余的部分可以用于定额外人工费和关键工序的奖励费。这样，人工费就不会超支，而且留有余地，以备关键工序之需。

2.材料费的控制

在按"量价分离"方法计算工程造价的条件下，水泥、钢材、木材的价格由市场价格而定，实行高进高出，即地方材料的预算价格＝基准价×（1＋材料价差系数）。因为材料价格随市场价格变动频繁，所以项目材料管理人员必须经常关注材料市场价格的变动情况，并积累详细的市场信息。

3.周转设备使用费的控制

施工图预算中的周转设备使用费为耗用数与市场价格之积，而实际发生的周转设备使用费等于施工企业内部的租赁价格或摊销费，由于两者计算方法不同，只能以周转设备预算的总量来控制实际发生的周转设备使用费的总量。

4.施工机械使用费的控制

施工图预算中的施工机械使用费＝工程量×定额台班单价。由于施工项目的特殊性，实际的机械使用率不可能达到预算定额的水平，加上机械的折旧率又有较大的滞后性，施工图预算中的施工机械使用费往往小于实际发生的施工机械使用费。在这种情况下，施工企业就可以用施工图预算中的施工机械使用费和增加的机械费补贴来控制机械费的支出。

5.构件加工费和分包工程费的控制

在市场经济条件下，混凝土构件、金属构件、木制品和成型钢筋的加工，以及相关的打桩、安装、装饰和其他专项工程的分包，都要以经济合同来明确双方的权利和义务。在签订这些合同的时候，绝不允许合同金额超过施工图预算。

（三）以施工预算控制成本消耗

以施工预算控制成本消耗即以施工过程中的各种消耗量（包括人工工日、材料消耗、机械台班消耗量）为控制依据，以施工图预算所确定的消耗量为标准，人工单价、材料价格、机械台班单价则以承包合同所确定的单价为控制标准。该方法所选的定额是企业定额，能反映企业的实际情况，控制标准相对能够结合企业实际，比较切实可行。施工企业具体的处理方法如下：

（1）在项目开工以前，编制整个工程项目的施工预算，作为指导和管理施工的依据。

（2）对生产班组的任务安排，必须签发施工任务单和限额领料单，并向生产班组进行技术交底。

（3）在执行施工任务单和限额领料单的过程中，生产班组要根据实际完成的工程量和实际消耗人工、实际消耗材料做好原始记录，原始记录是施工任务单和限额领料单结算的依据。

（4）在任务完成后，根据回收的施工任务单和限额领料单进行结算，并按照结算内容支付报酬。

第四节　水利工程施工成本降低措施

一、加强图纸会审，减少设计造成的浪费

施工单位在满足用户要求和保证工程质量的前提下，应联系项目施工的主客观条件，对设计图纸进行认真的会审，并提出积极的修改意见。通过会审，施工单位可以发现设计中存在的不合理之处，如材料浪费、施工难度大等问题，从而提出优化建议。在取得业主和监理单位同意后，施工单位联系设计单位修改设计图纸，并办理增减账。这一过程不仅能够减少设计造成的浪费，还能提高施工效率，降低施工成本。

二、加强合同预算管理，增加工程预算收入

深入研究招标文件和合同文件，正确编写施工图预算，是增加工程预算收入的重要措施。施工单位应将合同规定的"开口"项目作为增加预算收入

的重要方面，根据工程变更资料及时办理增减账。项目承包方应就工程变更对既定施工方法、机械设备使用、材料供应、劳动力调配和工期目标的影响程度，以及实施变更内容所需要的各种资料进行合理估价，及时办理增减账手续，并通过工程结算从建设单位取得补偿。采取这些措施，可以确保工程变更带来的额外成本得到合理的补偿，增加工程预算收入，提高项目的经济效益。

三、制订合理、先进的施工方案，减少不必要的窝工等损失

施工方案的不同直接影响到工期、机械使用和费用。因此，施工单位在制订施工方案时应以合同工期和上级要求为依据，综合考虑项目规模、性质、复杂程度、现场条件、装备情况、人员素质等因素。采用科学合理的施工方案，可以优化施工流程，减少不必要的窝工和等待时间，提高施工效率。

四、合理规划施工现场平面布置，确保工程质量

施工单位应根据施工的具体情况，合理规划施工现场平面布置，包括机械布置、材料和构件的堆放场地、车辆进出施工现场的运输道路、临时设施的搭建数量和标准等。这不仅可以为文明施工创造条件，还能减少浪费，提高施工效率。

施工单位应严格执行技术规范和以预防为主的方针，确保工程质量，减少零星工程的修补，消灭质量事故，不断降低质量成本。高质量施工，可以减少返工和维修的成本，提高项目的整体效益。

五、采取有效的技术组织措施，确保安全生产

施工单位应根据工程设计特点和要求，运用自身的技术优势，采取有效

的技术组织措施，将经济与技术相结合，如采用先进的施工技术和设备，优化施工工艺，提高施工效率。

施工单位应严格执行安全施工操作规程，减少一般安全事故，确保安全生产，将事故损失降到最低。营造安全的施工环境，可以减少因事故导致的停工和赔偿成本，提高项目的经济效益。

六、降低因量差和价差所产生的材料成本

为降低因量差和价差所产生的材料成本，施工单位应做到以下几点：

第一，选择优质供应商。材料采购和构件加工应选择质优价廉、运距短的供应单位。对到场的材料、构件，施工单位要正确计量、认真验收；若遇到产品不合格或用量不足的情况，则要及时进行索赔。采取这些措施，可以切实降低材料和构件的采购成本，减少采购和加工过程中的损耗。

第二，及时组织材料供应。施工单位应根据项目施工进度计划，及时组织材料、构件的供应，保证项目施工顺利进行，防止因停工造成损失。在构件生产过程中，供应商要按照施工顺序组织配套供应，以免因规格不齐产生施工间隙，浪费时间和人力。

第三，控制材料消耗。在施工过程中，施工单位应严格按照限额领料制度，控制材料消耗，同时还要做好余料回收和利用工作，为考核材料的实际消耗水平提供正确的数据。

第四，合理安排材料储备。施工单位应根据施工需要，合理安排材料储备，减少资金占用，提高资金利用效率。

七、提高机械的利用效果

为提高机械的利用效果，施工单位应做到以下几点：

第一，合理选择机械。施工单位应根据工程特点和施工方案，合理选择机械的型号、规格和数量。合适的机械设备可以提高施工效率，减少机械使用成本。

第二，合理安排机械施工。施工单位应根据施工需要，合理安排机械施工，充分发挥机械的效能，减少机械使用成本。例如，优化机械的使用时间和顺序，可以避免机械的空闲和浪费。

第三，加强机械维修保养。施工单位应严格执行机械维修和养护制度，加强平时的维修保养，保证机械完好和在施工过程中运转良好。定期维修保养，可以延长机械的使用寿命，减少维修成本，提高机械的使用效率。

八、重视人的因素，增强激励制度的作用，调动职工的积极性

施工单位应重视人的因素，增强激励制度的作用，调动职工的积极性。为此，施工单位应做到以下几点：

第一，重奖关键班组。施工单位要重奖对关键工序进行施工的关键班组。采用奖励机制，可以激发关键班组的积极性，提高施工效率，确保关键工序顺利完成。

第二，材料操作损耗承包。对于材料操作损耗特别大的工序，可由生产班组直接承包。采用承包制度，可以激励生产班组减少材料损耗，提高材料利用率。

第三，有偿回收钢模零件和脚手架螺栓。实行钢模零件和脚手架螺栓的有偿回收制度，可以减少材料的浪费，提高材料的回收率，降低材料成本。

第四，实行班组"落手清"承包。实行班组"落手清"承包制度，可以确保施工现场的整洁和有序，减少由现场杂乱导致的浪费和安全隐患，调动施工人员的积极性，提高施工效率，降低施工成本。

第四章　水利工程施工合同管理

第一节　合同管理概述

一、合同及合同管理简介

广义的合同是指两个以上的当事人之间变动民事权利义务的双方民事法律行为。狭义的合同专指债权合同，即当事人之间以设定、变更或消灭债的关系为目的的双方民事法律行为。合同作为民事主体之间设立后可变更乃至终止法律关系的协议，具有平等性、广泛性、自愿性、一致性以及法律约束性。

建设工程合同指的是发包人与承包人之间按照法律规定所签署的协议，也就是说承包人进行工程建设而发包人进行价款支付的合同，具有规范性和有效性。当前，合同的种类纷繁复杂，划分类别的依据也存在较多不同，下面根据工程合同的不同属性对其进行划分。

根据工程承包属性，工程合同可以划分为施工合同、设计合同、采购合同等。这种划分方法是将工程施工过程的各个阶段加以拆分，将建设工程各个相关参与方所承担的责任与义务加以明确。

在工程承包的过程中，承包方的承包范围不一。根据工程承包范围，工程合同可以划分为总承包合同与单位工程施工承包合同。

在工程项目的建设过程中，各个项目所采用的计价方式不同。根据工程计价方式，工程合同可以划分为固定总价合同、固定单价合同、可调价格合同以及成本加酬金合同。固定总价合同是指按照合同约定的工程施工内容，发包人将固定金额支付给承包人的协议。固定单价合同需要在规定、规范的基础上，确定工程结算的单价，最终支付时按照工程量进行计算确定最终的支付款。对于规模大、技术复杂的项目，可以采用可调价格合同。成本加酬金合同需要将合同价格与成本、质量、进度以及其他考核指标相关联。

合同管理主要是指按照国家现行法律法规来执行的各类合同相关管理事务，可以从广义与狭义两个层面进行理解。广义的合同管理指的是以合同为圆心所展开的工程项目管理的具体进程；而狭义的合同管理则只是着眼于合同在执行过程当中的具体事务性工作，如合同的制定、签约、履行、变更、终止乃至违约、解除、索赔等。

建设工程项目合同管理，需要在项目的实际要求大前提之下，确定适合项目发展运行的管理标准，从而保证项目能按时完成建设目标。对于建设工程项目来说，它涉及的分项管理较多，合同管理作为其中一个分支，着眼于项目的人员配备、成本控制及所涉及的相关权利与义务，通过管理区分达到调控工程建设成本、保障工程质量、缩短项目进程的目的。如果项目的安全、成本、进度、质量、建筑功能及环境管理方面能达到更高要求，就能更好地实现社会整体效益的最大化。合同实施阶段涉及方方面面，从项目的招投标开始到交底验收，各阶段的合同管理内容不一，这决定了它具有控制风险大、实现难度高、完成体量大的特点。在合同管理过程中，建设工程完成目标与时间、成本及质量三个因素应进行合理归集划分，以实现资源的合理分配。

各个阶段的合同管理具有不同的工作任务：

（1）订立阶段的合同管理。此部分的合同管理主要集中在招标与投标信息管理、前期合同预审与合同签订的具体事务工作当中。签约双方根据目前的运营情况，结合招标文件的条款，制订符合自己企业项目运行的方案，从而保证自身利益最大化，并满足招标方的要求。双方一旦确定合同关系，就需要全方位履行合同内容。

（2）履约阶段的合同管理。履约阶段的合同管理内容较多，合同双方当事人在明确各自的权利与义务的同时，需要对工程项目的全过程进行动态跟踪，从而建立适合项目运行发展的保障体系；根据项目中可能存在的风险因素进行提前预估，对可能发生的合同变更或违约索赔事件进行管理，以此来保证建设工程项目顺利进行。

（3）终止阶段的合同管理。项目进行至交底尾声时期，相关人员就需要对此期间的合同管理进行收尾总结，对此期间产生的各项条目进行分类归档，对其他产生的特殊情况及时补充档案资料，以便后期调阅。

二、合同管理的特点

由于大型建设工程在投资建设过程中具有持续周期长、投资金额大以及项目风险高等特点，所以合同管理作为贯穿建设工程项目全过程的管理手段，需要将合同双方的责任与义务进行文字性的明确表述，因此合同管理具有如下特点：

（一）专业技术要求高

大型建设工程的投资规模巨大，施工过程涉及各个细节，尤其是先进的工程技术标准和精细的施工工艺，这些都需要具有丰富现场工作经验和扎实理论基础的专业人员进行合同管理相关工作。只有从具有法律约束效力的文本层面提前对施工过程进行约束，才不会在产生纠纷的时候造成不可挽回的影响。

（二）系统构建能力强

对于大型建设工程而言，其施工过程涉及人员、材料、设备、规范等诸多因素，这些因素串联成一个庞大的系统工程，中间某一环节一旦出现失误，就会对整个建设工程造成不可挽回的影响。合同管理需要将这些因素进行系统构建，强调因素之间的密切联系，从而保证各项节点工程适应总体，确保工程顺利完成。

（三）全过程动态管理

建设工程项目自开工起，就需要建设工程合同进行约束，直至项目结束。由于建设工程项目持续周期长，涉及的变动因素较多，合同管理必须坚持动态管理，对其全过程进行跟踪式监控。这样一旦出现变动，相关单位就可以根据不同时期的要求及时进行调整。

三、合同管理的意义

合同管理是有效规范建设工程项目具体实施的管理手段，科学有效的合同管理会给企业带来良好的经济收益，同时也能在竞争激烈的市场中为企业带来更广阔的生存空间。

合同管理的规范化体现在技术、管理、科学与经济等各个方面的实践工作上，其目的是保证建设工程施工合理、高效。完整而规范的合同管理具有重要的战略意义：首先，它可以提高项目管理效率，通过合同提出合理要求，有效控制施工全过程中产生的质量、成本、安全等问题，从而实现全方位、多角度的工作沟通；其次，它可以规范各建设主体的行为，成为施工全过程当中处理问题的法律依据，保证各参与主体的权益，规范市场行为；最后，它还可以不断提高企业的竞争力，让企业在逐步加剧的外部竞争中有效地完善和超越自我，进一步增强自身的市场竞争力。

四、合同管理与水利工程各环节的关系

（一）招标采购

《中华人民共和国民法典》第四百六十四条规定："合同是民事主体之间设立、变更、终止民事法律关系的协议。"第四百七十一条规定："当事人订立合同，可以采取要约、承诺方式或者其他方式。"第四百七十三条规定："要约邀请是希望他人向自己发出要约的表示。拍卖公告、招标公告、招股说明书、债券募集办法、基金招募说明书、商业广告和宣传、寄送的价目表等为要约邀请。"

招标与投标作为水利工程的市场交易过程，其实质是一种公开、公平、开放式的签订合同的方式，招投标过程就是水利工程合同谈判与签订的过程。招标采购的目的是订立合同，合同签订后的履约与执行情况才能真实体现招标采购的效果。

（二）投资计划

水利是国民经济和社会发展的基础和命脉，水利工程是我国基础设施的重要组成部分，也是水利经济的载体。保障水利工程建设有稳定的投资来源，是经济稳定、持续和健康发展的需要。如何准确评估投资的完成情况及成效，对投资决策有着重要意义。当前，投资统计主要由计划部门依据形象进度测算，缺少具体的计量依据，数据准确度有一定的偏差。如果完成投资情况与合同价款计量紧密衔接，建立在合同价款支付基础上形成的完成投资则更为真实准确，可以为投资计划决策提供更为扎实的依据。

（三）设计变更

水利工程一般具有投资规模大、涉及面广以及公益性强等特性，这决定了水利工程具有施工情况复杂、不可确定因素多和管理困难等特点，这些特

点导致水利工程在施工过程中出现设计变更的情况在所难免。设计变更往往会对水利工程质量、工期以及投资效益产生影响，因此水利主管部门必须高度重视设计变更工作。

2020 年，水利部对《水利工程设计变更管理暂行办法》进行了修订，使水利工程设计变更工作得到了有效的规范和加强。一个水利工程的实施，合同范围内的设计变更必然导致合同变更，但是导致合同变更的因素不一定是设计变更，但凡有导致业主与承包商权利和义务发生变化的情况都应在合同变更中体现。因此，制定适应水利行业特点的合同变更管理办法十分必要和迫切。

（四）验收工作

《水利工程建设项目验收管理规定》第三条规定："水利工程建设项目验收，按验收主持单位性质不同分为法人验收和政府验收两类。法人验收是指在项目建设过程中由项目法人组织进行的验收。法人验收是政府验收的基础。政府验收是指由有关人民政府、水行政主管部门或者其他有关部门组织进行的验收，包括专项验收、阶段验收和竣工验收。"第十二条规定："工程建设完成分部工程、单位工程、单项合同工程，或者中间机组启动前，应当组织法人验收。"在工程实践中，合同工程与单位工程（分部工程）验收两者之间该如何衔接在验收中容易产生混乱。《水利水电建设工程验收规程》（SL 223—2008）规定："当合同工程仅包含一个单位工程（分部工程）时，宜将单位工程（分部工程）验收与合同工程完工验收一并进行，但应同时满足相应的验收条件。"对于一个单位工程（分部工程）包含若干合同工程或一个合同工程包含若干单位工程（分部工程）的情况，需要分别组织单位工程（分部工程）和合同工程完工验收。因此，但凡涉及合同的，合同工程完工验收是必经环节。

第二节　水利工程施工合同管理的
现状和措施

一、水利工程施工合同管理的现状

（一）合同文本的规范性不足

水利工程施工建设的双方在签订合同时，对合同文本的规范性重视不足，导致在具体施工与管理过程中出现较大的分歧或争议，若不能有效解决分歧或争议，则会对水利工程的建设和管理产生严重的危害。水利工程施工合同存在合同条款不完整、不明确的情况，如对工程质量标准、工期要求、工程价款支付方式及时间等关键条款表述模糊，容易引发争议。此外，一些合同对违约责任的界定不清晰，导致在出现违约情况时，难以进行有效的责任追究和赔偿。

（二）合同履约水平较低

合同是民事主体之间设立、变更、终止民事法律关系的协议，但是水利工程建设项目有着一定的特殊性，其委托方大多为政府委托授权的项目法人，在一定程度上，合同签订双方的权利是不对等的。

以水利工程施工合同为例，自合同签订后，业主和施工单位应当按照合同约定各自履行义务。当工程建设过程中发生与合同约定不一致的内容时，双方应当通过协商达成一致并变更合同相关内容后再实施。而实际情况往往是在实施过程中的变更没有完全在合同中体现，这反映了合同履约水平较低。

（三）合同内容与招标文件要求不统一

随着水利工程施工建设的不断发展及其施工管理的法律体系不断完善，建设单位需要在具体施工和管理中按照我国合同管理以及工程项目建设招投标管理的有关规定严格执行，从而为水利工程建设的稳定发展以及良好市场秩序的构建提供有力的保障。但是，一些水利工程建设单位在工程建设中存在不招标以及不报建等违法行为，具体操作程序不规范，导致在水利工程施工及其合同管理中也存在着招标文件要求和合同内容不统一等情况，这严重影响了水利工程建设的发展与合同管理水平的提升。

（四）合同管理的人员水平较低

水利工程施工合同管理对有关工作人员的水平要求较高，需要其具备相应的经济学以及管理学等方面的知识，并且对水利工程施工有一定的了解。然而，从水利工程施工合同管理的实际情况来看，部分管理人员管理知识较为缺乏，或者对水利工程施工情况不够了解，导致其在具体管理中，不能有效解决与积极处理各类问题，从而导致水利工程施工合同管理的效果不理想。

二、水利工程施工合同管理的措施

（一）完善管理机制

在水利工程施工管理中，合同管理机制是否完善，对施工管理质量有直接的影响。完善水利工程施工合同管理机制，制定完善的管理流程、评标办法，能够保证管理工作的科学性。合同管理机制的建立与完善，需要考虑施工单位的利益问题，留足利润空间，避免施工单位在投标过程中出现盲目压价的情况。采取措施将投资与施工分开，避免建设单位过多地干预施工的行为，可以使施工单位在施工过程中真正发挥其价值。

（二）规范合同签订流程

在水利工程施工过程中，涉及的合同类型比较多，在签订不同合同时需要注意的内容也不同，所以为保证合同有效签订，施工单位与建设单位在相关合同签订中，可参考相关规定中的合同格式规范、行文方式等，采用规范的合同签订流程，避免因合同内容书写不规范引起纠纷。

（三）严格按照合同内容开展施工

此外，在合同签订后，施工单位在整个施工阶段都需要严格按照合同内容开展施工，确保施工各环节均与合同约定内容相符。同时，合同管理人员在施工过程中除了做好合同管理，也需要做好施工检查工作，避免施工中出现与合同规定不符的现象。如果发现此类现象，合同管理人员需要了解具体原因，并与施工单位进行沟通解决，避免对施工进度、工程质量等产生不利影响。

（四）提升合同管理人员的管理能力

在合同签订后，为提升合同管理效果，建设单位与施工单位均应在合同管理方面配备专业能力强、经验丰富的管理人员，安排其专门负责合同管理工作。由于水利工程中签订的合同比较多，同时合同中涉及大量水利方面的专业知识，所以合同管理人员除了具备管理学知识，还应该对水利工程方面的知识有所了解。合同管理人员应该在日常工作中，不断学习水利工程专业知识。同时，在合同管理人员进入岗位前，不管是施工单位还是建设单位，都应对本单位的合同管理人员进行专业培训，使其专业知识得到丰富、管理技能得到提升，从而保证合同管理的效果。需要注意的是，在水利工程施工中，一个阶段的施工完成后，在进入下一阶段施工前，合同管理人员需要对上一阶段的合同实施情况进行分析，做好合同交底工作，并为下一阶段做好准备。只有这样，合同才能在施工过程中被更好地执行。

（五）重视分包过程审核

在水利工程施工过程中，分包现象比较常见。在施工项目分包后，发包方如果对合同审核不严格，就容易出现承包方不按合同约定施工的情况，最终引发质量问题。所以，在分包过程中，发包方需要严格审核分包合同，并对承包方是否具有合法的资质、分包合同是否具备规范的格式、分包内容是否符合法律法规要求、分包合同签订流程是否规范等进行详细审核，避免资质不全的承包方进场。

（六）加强施工中的合同变更管理

水利工程施工的工期较长，且投资较大，容易受到自然气候等各种因素的综合影响，出现合同变更情况，从而对施工开展及工程建设效益的提升形成制约。此外，对于施工单位来讲，施工过程中的合同变更以及对合同变更的管理，也是进行索赔和反索赔的重要依据。因此，合同管理中的合同变更管理必须受到重视。加强合同变更管理，不仅要求合同管理的有关部门和人员对项目运行中的工程施工与建设实际情况进行密切关注，而且要求其加强和施工管理部门之间的有效沟通，对施工中出现的与合同约定不符的情况，及时进行记录并备案管理，为合同变更做好准备。

（七）重视合同履约评价及其成果运用

为保障履约评价结论真实客观，为后续成果运用提供扎实基础，履约评价应建立在合同履约过程中的日常管理的基础之上。为使评价工作规范有序，地方水利行业主管部门应制定符合本地区特点的统一的评价标准，日常评价以项目法人自评为主，行业主管部门可以不定期开展第三方评价。履约评价的成果应与招投标相衔接，以"奖优罚劣"的方式体现。这样可以逐步达到净化市场环境、提高资源配置效率、实现水利行业建设市场良性发展的目标。

第三节 水利工程施工合同索赔管理

一、水利工程施工合同索赔概述

（一）索赔的内涵

索赔是指在合同实施过程中，合同当事人一方因对方违约或其他过错，或虽无过错但有无法防止的外因致使己方受到损失，要求对方给予赔偿或补偿的法律行为。索赔是双向的，承包人可以向发包人索赔，发包人也可以向承包人索赔。

（二）索赔的分类

1.按索赔发生的原因分类

按索赔发生的原因分类，索赔可分为施工准备引起的索赔、进度控制引起的索赔、质量控制引起的索赔、费用控制引起的索赔。这种分类能明确指出每一项索赔的根源所在，使发包人和工程师便于审核分析。

2.按索赔的目的分类

按索赔的目的分类，索赔可分为：①工期索赔。工期索赔就是要求发包人延长施工时间，使原规定的工程竣工日期顺延，从而避免产生违约罚金。②费用索赔。费用索赔就是要求发包人补偿费用损失，进而调整合同价款。

3.按索赔的依据分类

按索赔的依据分类，索赔可分为：①合同内索赔。合同内索赔是指索赔涉及的内容在合同文件中能够找到依据，或可以根据该合同某些条款的含义，推论出承包人有索赔权。②合同外索赔。合同外索赔是指索赔内容虽然在合同条款中找不到依据，但索赔权利可以从有关法律法规中找到依据。③道义索赔。道义索赔是指承包人失误，或发生承包人应负责任的风险，造成承包人重大损失所产生的索赔。

4.按索赔的有关当事人分类

按索赔的有关当事人分类，索赔可分为承包人和发包人之间的索赔、总承包人与分包人之间的索赔、承包人与供货人之间的索赔，以及承包人向保险公司、运输公司的索赔等。

5.按索赔的处理方式分类

按索赔的处理方式分类，索赔可分为：①单项索赔。单项索赔就是采取一事一索赔的方式，每一项索赔事件发生后，即报送索赔通知书，编报索赔报告，要求单项处理。②总索赔。总索赔又称综合索赔或一揽子索赔，一般是在工程竣工或移交前，承包人将施工中未解决的单项索赔问题集中，提出综合索赔报告，由合同双方当事人在工程移交前进行最终谈判，以一揽子方案解决索赔问题。

（三）索赔的起因

1.发包人违约

发包人违约主要表现为：未按施工合同规定的时间和要求提供施工条件，任意拖延支付工程款，无理阻挠和干扰工程施工，造成承包人经济损失或工期拖延，发包人指定的分包商违约等。

2.合同调整

合同调整主要表现为：施工组织设计变更；加速施工；更换某些材料；有意提高设备或原材料的质量标准，产生合同价差；图纸设计有误或工程师指令错误等，造成工程返工、窝工、待工甚至停工。

3.合同缺陷

合同缺陷主要包括：①合同条款规定用语含糊，不够准确，难以分清双方的责任和权益；②合同条款中存在漏洞，对实际可能发生的情况未进行预测，缺少某些必不可少的条款；③合同条款之间互相矛盾，即在不同的条款和条文中，对同一问题的规定、解释、要求不一致；④合同中的某些条款隐含着较大的风险，即对承包人要求过于苛刻，约束条款不对等、不平衡。

4.不可预见因素

不可预见因素主要包括：①不可预见障碍，如古井、墓坑、断层、溶洞及其他人工构筑障碍物等；②不可抗力因素，如高温、台风、地震、洪水、战争等；③第三方原因，即与工程相关的第三方所发生的问题对本工程项目的影响，如银行付款延误、邮政运输延误、车站压货等。

5.国家政策、法规的变化

国家政策、法规的变化主要包括：①银行贷款利率调整，货币贬值，给承包商带来汇率损失；②国家有关部门在工程中推广及使用某些新设备、施工新技术的特殊规定；③国家对某种设备或建筑材料限制进口、提高关税等。

6.发包人管理不善

发包人管理不善主要包括：①工程未完成或尚未验收，发包人提前进入使用，并造成了工程损坏；②在工程保修期内，发包人使用不当，造成工程损坏。

7.合同中断及解除

合同中断及解除主要包括：①国家政策的变化、不可抗力和双方之外的原因导致工程停建或缓建，造成合同中断。②在合同履行过程中，双方在组织管理中不协调、不配合以至于矛盾激化，使合同不能再继续履行下去；或发包人严重违约，承包人行使合同解除权；或承包人严重违约，发包人行使合同解除权等。

（四）索赔的意义

1.索赔是合同管理的重要组成部分

索赔和合同管理的关系非常紧密，二者相辅相成。索赔工作的开展需要以合同约定为依据，合同管理过程中难免出现各类索赔事件，因此索赔工作开展的前提是加强合同管理。

2.索赔可以挽回损失

在合同实施过程中，由于受多种因素影响，发包人和承包人双方都有可能引起合同约定的变更及违约情况，从而给对方带来经济损失。受损方通过有效合理的索赔，可以争取必要的经济赔偿。

3.索赔有利于提高文档管理水平

完成索赔工作需要具备充足的证据，其直接影响到索赔事件的处理及工期、费用计算。因为水利工程设计内容多，普遍工期较长，涉及的文件资料比较多，所以及时、全面、分门别类、准确地记录和整理归档施工基础资料及现场签证资料是索赔工作能够高效完成的前提。

4.索赔有利于提高合同管理效率

合同双方在签订合同前可以通过商议如何更好地完善合同条款，有效规避和减少除政策、法规及不可抗力以外的部分索赔事件的发生，以降低合同管理工作难度，提高合同管理效率。

二、水利工程施工合同索赔管理的原则

（一）以合同为基础的原则

在发生索赔事件后，合同双方需要将合同中的赔偿条款作为索赔标准，如果合同双方产生了不一致的意见，则可以组织相关人员调查分析合同履行

情况，针对实际情况处理索赔问题。在合同索赔阶段，合同双方不能利用虚假证据，应实事求是，提高水利工程施工合同索赔工作的公正性和合理性。

（二）同时开展工作的原则

在水利工程施工阶段，为了避免发生索赔问题，顺利履行水利工程施工合同，合同双方需要遵循同时开展工作的原则，安排专业管理人员监督合同履行情况和水利工程施工情况，建立管理委员会和相关制度等，实时掌握工程的实际进展情况。一旦发生索赔问题，合同双方就要安排专业管理人员及时处理，通过协调沟通，解决施工索赔事件，提高合同索赔的效率。

三、水利工程施工合同索赔管理的程序

水利工程项目实施过程中经常会出现索赔事件，但是其实际处理存在较大的难度，其中承包人内部管理和发包、承包双方解决索赔问题的阶段都存在较多的问题。合同双方需要严格遵守合同约定的索赔程序开展索赔工作，避免出现索赔无效的情况。索赔程序的基本步骤（以承包人向发包人索赔为例进行分析）如下：

第一，提出索赔意向通知。在发生干扰事件之后，承包人需要及时做出反应，结合合同规定通过监理人向发包人发出书面的索赔意向通知。

第二，起草并提交索赔报告。在发出索赔意向通知之后，承包人需要在合同规定的时间内起草并提交正规的索赔报告，报告主要包含总论（主要过程及索赔要求）、合同引证（相关合同条款）、索赔额计算、工期延长论证、证据五部分。

第三，解决索赔问题。在承包人提交索赔报告之后，发包人需要在合同规定期限内答复。在索赔报告完成审查评估之后，双方可通过谈判、仲裁等方式解决索赔问题。

四、水利工程施工合同索赔管理中的证据要求

水利工程施工合同索赔管理中的证据要求如下：

（1）事实性。索赔证据必须是在履行合同过程中确实存在和发生的，必须完全反映实际情况，能经得起推敲。

（2）全面性。索赔证据应能说明事件的全过程，不能支离破碎。

（3）关联性。索赔证据应具有关联性，不能互相矛盾。

（4）及时性。索赔证据的取得及提交应当及时。

（5）具有法律效力。索赔证据必须是书面文件，有关记录、协议、纪要必须是双方签署的，工程中的重大事件、特殊情况的记录、统计必须由监理工程师签证认可。这样的索赔证据才具有法律效力。

五、水利工程施工合同索赔管理的方法

（一）合理签订合同

索赔管理工作的目标是降低合同风险，从而减少损失，但实际上在各种因素的影响下，索赔问题经常发生。为了有效界定未履约的行为，需要结合合同规定。承包人需要逐条评估合同条款和发包人的施工要求，为自己留下缓冲的时间，明确自己需要承担的履约责任，避免发包人附加隐含条款而引发索赔问题。

例如，某水电站工程的发包人为了避免承包人延期造成的损失，在合同条款中严格限定发电机组安装和调试的周期，如果超过调试期就会罚款。承包人在完成评估之后，为了保证发包人要求的施工进度，需要投入额外的人力和设备等，因此增加了额外的成本，这就需要在合同中追加奖罚对等的条款。如果到期没有完成施工任务，承包人就需要接受惩罚，但是提前完成施工任务，也要得到奖励。在实际施工过程中，承包人利用各种方式提前完成

安装调试工作，发包人需要给予承包人一定的奖励款。这就突出了合理签订合同的重要性。

在合同管理过程中，合同双方需要详细了解合同条款，尤其需要全面检查和分析施工情况，保障相关条款说明的正确性，明确自己的责任和义务，及时处理不合理的条款，全面检查合同，在确定无异议之后再签订合同，以此有效保护合同双方的权益。

（二）注重工程质量

在水利工程施工过程中，保证工程质量是承包人最重要的履约责任，这也是索赔管理的重点。如果承包人在施工过程中产生问题，发包人就可以索赔。因为水利工程的工程量比较大、涉及面广，所以技术人员必须全面评估水利工程的实际情况，同时结合自身的工作经验客观地评估施工条件和施工进度等，方便在后期施工过程中控制偏差。

承包人需要召集项目管理及技术人员评估施工进度、施工水平和客户验收标准等，在合理修改并完善施工方案之后再向发包人提交，同时和发包人协商，最后确定合同规格，避免由质量问题引发的索赔。在水利工程施工过程中，一些承包人没有严格检查工程质量，后期发包人在检查的过程中就会因为质量问题提出索赔。承包人需要聘请专业技术人员，完善整个水利工程施工过程，通过科学的评估，合理安排和规划施工建设过程，保障每个环节的施工质量，确保合同双方都能满意，避免发生索赔问题。针对难度较大的施工操作，承包人可以聘请专业技术人员负责监督和指导施工操作，由此保障整体的施工质量。

（三）保障索赔报告的科学性

在编制索赔报告时，承包人需要安排专业编制人员，也可以委托专业机构，根据工程实际情况和合同条款，同时结合国家法律法规等进行编制。编制人员需要保证索赔报告内容完整、详细、清晰，利用客观的措辞和严谨的语句，有理有据地表明索赔要求，用强有力的证据证明索赔事件的真实性、合理性。

（四）设置专职部门管理索赔工作，保障资料收集的全面性

在合同履行过程中，设专职部门，由专职人员管理索赔工作是十分必要的。一般由合同管理部门安排专职人员全程负责合同索赔事项。

落实合同索赔管理工作，专职人员需要做好资料收集整理和签证工作。其中，有关索赔的证据资料包括招标投标文件、工程合同及附件、施工组织设计、技术规范等。此外，专职人员也需要收集工程施工过程中往来的函件、通知、答复等。只有保障资料收集的全面性，才可以顺利解决索赔问题，提高索赔成功率。

（五）引入保险机制

在水利工程施工过程中，受异常恶劣天气等因素的影响，投入施工的人员、材料、机械设备等资源都有可能出现不可预估的风险。为了避免不可预估风险的负面影响，保障合同双方各自的利益，在合同条款中引入保险机制是必不可少的。合同双方需要根据工程特点及施工情况合理分析影响因素，在协商之后选择合适的保险机制，明确规划合同条款中的风险义务等，降低索赔风险。保险文件在水利工程施工合同中属于附属文件，合同双方需要协商购买保险的费用，根据特定比例共同承担。

（六）及时捕捉和利用索赔机会

索赔的基础依据是施工合同文件，承包人需要认真研究合同文件，熟悉合同条款，确定哪些条款可能会发生索赔，然后在施工过程中着重收集这方

面的基础资料，以便及时捕捉和利用索赔机会。一旦发生干扰事件，承包人就要及时分析事件发生的原因，及时按照索赔程序向发包人表明自己的索赔要求，争取最大限度地弥补自身损失，使自身处于有利地位。

（七）提高索赔工作的效率

承包人要运用科学的方法，实事求是地对待索赔工作。由项目合同管理人员、工程造价人员、技术人员组成的队伍，要依照合同条款，根据法律法规，结合基础资料，运用科学合理的计量和组价方法，得到"拿得出、讲得透、算得来"的索赔报告，以最快的速度得到赔偿款。

六、水利工程施工合同索赔管理中的反索赔

索赔管理的任务不仅包括对己方产生的损失的追索，还包括对将产生或可能产生的损失的防止。追索损失主要通过索赔手段进行，而防止损失主要通过反索赔手段进行。索赔和反索赔是进攻和防守的关系。在合同实施过程中，合同双方都在进行合同管理，都在寻找索赔机会。当一方进行索赔时，另一方若不能进行有效的反索赔，就有可能蒙受损失，所以反索赔与索赔有同等重要的地位。

反索赔的目的是防止损失的发生，它包括两个方面的内容：

第一，防止对方提出索赔。在合同履行过程中，各方要进行积极防御，使自己处于不会被索赔的状况，如防止自己违约、完全按合同办事。

第二，反驳对方的索赔要求。例如，对对方的索赔报告进行反驳，找出理由和证据，证明对方的索赔报告不符合事实情况或合同规定，没有根据，计算不准确等，以避免或减轻自己的赔偿责任，使自己不受或少受损失。

第五章 水利工程施工环境管理

第一节 水利工程施工环境管理概述

一、水利工程环境管理的概念

在通常意义上，环境管理是指依据国家的环境法律、法规、政策和标准，根据生态学和环境容量许可的范围，运用法律、经济、行政、技术和教育等手段，调控人类的各种行为，协调经济发展同环境保护之间的关系，限制人类损害环境质量的活动，以维护区域正常的环境秩序和环境安全，实现区域社会可持续发展的行为总体。其目的在于以尽可能快的速度逐步恢复被损害了的环境，并减少甚至避免新的发展活动对环境的结构、状态、功能造成新的损害，保证人类与环境能够持久、和谐地协同发展下去。

水利工程环境管理是指围绕水利工程涉及环境内容的综合管理。其内容和管理方法因为目标工程、社会条件、技术条件等不同而有所差别。一般来说，水利工程环境管理在空间上应包括水利工程本身及工程周围的环境问题、积水区域的环境问题、供水区域或者效益区域的环境问题等。从时间上看，水利工程环境管理存在于水利工程生命周期中的规划设计、建设施工、运行管理和报废等阶段。

水利工程建设项目，对周围的自然环境和社会环境必然产生各种影响，如对生物、水文、水质、泥沙、文物、地质等的影响很大。大型水利工程建设项目对生态与环境的影响更加巨大和深远。所以，加强水利工程环境管理，使工程建设项目与经济发展、资源、生态环境相互协调，是非常必要的。

二、水利工程环境管理的内容及要求

（一）工程规划决策阶段

1.环境影响报告书

根据《中华人民共和国环境影响评价法》，水利工程在规划阶段应开展相应深度的环境影响评价工作，其环境影响报告书须报规划审批部门审批。《江河流域规划环境影响评价规范》（SL 45—2006）对评价的范围、标准、内容、评价方法和深度等进行了规定。关于环境影响报告书编报的程序和要求，国家颁布了一系列的技术规范、标准和规定，《环境影响评价技术导则 水利水电工程》（HJ/T 88—2003）对环境影响报告书的编写提出了具体的要求。

2.环境影响评价

《水利水电工程项目建议书编制规程》（SL/T 617—2021）要求项目建议书中必须包括环境影响评价内容，具体内容包括：概述、环境现状调查与评价、环境影响分析、环境保护对策措施、评价结论与建议、图表及附件。《水利水电工程可行性研究报告编制规程》（SL/T 618—2021）要求可行性研究报告中必须包括环境影响评价内容，具体内容包括：概述、环境现状调查与评价、环境影响预测评价、环境保护措施、环境管理与监测、综合评价结论图表及附件。

3.环境保护设计

《水利水电工程初步设计报告编制规程》（SL/T 619—2021）要求项目初

步设计报告中必须包括环境保护设计内容，具体内容包括：概述、生态流量保障、水环境保护、生态保护、土壤环境保护、人群健康保护、大气及声环境保护、其他环境保护、环境管理与监测、图表及附件。

（二）工程施工阶段

在水利工程施工过程中，工程参建各方都应按照法律法规和合同约定履行自己的环境保护义务。比如《水利水电工程标准施工招标文件》（2009年版）中的通用合同条款第九条专门对环境保护做了约定，要求：

（1）承包人在施工过程中，应遵守有关环境保护的法律，履行合同约定的环境保护义务，并对违反法律和合同约定义务所造成的环境破坏、人身伤害和财产损失负责。

（2）承包人应按合同约定的环保工作内容，编制施工环保措施计划，报送监理人审批。

（3）承包人应按照批准的施工环保措施计划有序地堆放和处理施工废弃物，避免对环境造成破坏。因承包人任意堆放或弃置施工废弃物造成妨碍公共交通、影响城镇居民生活、降低河流行洪能力、危及居民安全、破坏周边环境，或者影响其他承包人施工等后果的，承包人应承担责任。

（4）承包人应按合同约定采取有效措施，对施工开挖的边坡及时进行支护，维护排水设施，并进行水土保持，避免因施工造成的地质灾害。

（5）承包人应按国家饮用水管理标准定期对饮用水源进行监测，防止施工活动污染饮用水源。

（6）承包人应按合同约定，加强对噪声、粉尘、废气、废水和废油的控制，努力降低噪声，控制粉尘和废气浓度，做好废水和废油的治理和排放。

（7）发包人应及时向承包人提供水土保持方案。

（8）承包人在施工过程中，应遵守有关水土保持的法律法规和规章，履行合同约定的水土保持义务，并对其违反法律和合同约定义务所造成的水土流失灾害、人身伤害和财产损失负责。

（9）承包人的水土保持措施计划，应满足技术标准和要求（合同技术条款）约定的要求。

另外，《水利工程建设项目验收管理规定》第二十一条规定：工程竣工验收前，应当按照国家有关规定，进行环境保护、水土保持、移民安置以及工程档案等专项验收。经商有关部门同意，专项验收可以与竣工验收一并进行。《建设项目竣工环境保护验收管理办法》第九条规定：建设项目竣工后，建设单位应当向有审批权的环境保护行政主管部门，申请该建设项目竣工环境保护验收。第十条规定：进行试生产的建设项目，建设单位应当自试生产之日起 3 个月内，向有审批权的环境保护行政主管部门申请该建设项目竣工环境保护验收。

（三）工程生产运行阶段

在项目投产运行阶段，运行管理单位要依据相关法律法规落实环境保护工作，包括环境管理和监测等具体工作，必要时，开展环境影响回顾评价。

（四）移民安置的环境保护工作

移民安置的环境保护工作主要包括土地资源开发利用、城镇和工矿企业迁建、第二和第三产业污染防治、人群健康保护、生态建设、安置区生态环境监测及环境管理等内容。

第二节 水利工程施工过程中的
环境保护措施

一、大气环境保护

在水利工程施工过程中，大气环境保护的措施如下：

（1）在拆除旧建筑物时，应适当洒水，防止扬尘。

（2）在上部结构清理施工垃圾时，要使用封闭式的容器或者采取其他措施处理，严禁临空随意抛撒。

（3）施工现场道路应指定专人定期洒水清扫，形成制度，防止道路扬尘。

（4）对于细颗粒散体材料（如水泥、粉煤灰、白灰等）的运输、储存，要注意遮盖、密封，防止和减少飞扬。

（5）车辆开出工地要做到不带泥沙，基本做到不撒土、不扬尘，减少对周围环境的空气污染。

（6）除设有符合规定的装置外，禁止在施工现场焚烧油毡、橡胶、塑料、皮革、树叶、枯草等，以及其他会产生有毒、有害烟尘和恶臭气体的物质。

（7）施工现场的机动车辆都要安装减少尾气排放的装置，确保排放的尾气符合国家标准。

（8）工地锅炉应尽量采用电热水器，若只能使用烧煤锅炉，则应选用消烟除尘型锅炉；大灶应选用消烟节能回风炉灶，使烟尘浓度降至允许排放的范围内。

（9）在离人口聚居区较近的工地应当将搅拌站封闭严密，并在进料仓上方安装除尘装置，采取可靠措施控制工地粉尘污染。

二、水环境保护

在水利工程施工过程中，水环境保护的措施如下：

（1）禁止将有毒、有害废弃物作为土方回填。

（2）施工现场搅拌站废水、现制水磨石的污水必须经沉淀池沉淀合格后再排放，最好将沉淀水用于工地洒水降尘或采取措施回收利用。

（3）施工现场存放油料的库房，地面必须进行防渗处理，如采用防渗混凝土地面、铺油毡等措施。在使用油料时，必须采取防止油料跑、冒、滴、漏的措施，以免污染水体。

（4）施工现场供 100 人以上使用的临时食堂，在排放污水时可设置简易有效的隔油池，定期清理，防止污染。

（5）工地临时厕所、化粪池应采取防渗漏措施。处于中心城区的施工现场的临时厕所可采用水冲式厕所，并采取防蝇、灭蛆措施，防止污染水体。

三、噪声的控制

施工现场噪声的控制措施可以从声源控制、传播途径控制、对接收者的防护等方面来考虑。

（一）从声源控制

（1）尽量采用低噪声设备和工艺代替高噪声设备和工艺，如低噪声振捣器、电机、空压机、电锯等。

（2）在声源处安装消声器，即在通风机、压缩机、燃气机、内燃机，以及各类排气放空装置的进出风管的适当位置设置消声器。

（3）对振动引起的噪声，通过降低机械振动来减小噪声，如将阻尼材料涂在振动源上，或改变振动源与其他刚性结构的连接方式等。

（4）施工人员进入施工现场不得高声呐喊、无故摔打模板、乱吹口哨、随便使用高音喇叭，以最大限度地减少噪声。

（5）凡在居民稠密区进行强噪声作业的，应严格控制作业时间，一般晚10点到次日早6点应停止强噪声作业。当确系特殊情况必须昼夜施工时，施工单位应尽量采取降低噪声的措施，并会同建设单位找当地居委会、村委会或当地居民协调，出安民告示，求得群众谅解。

（二）从传播途径控制

从传播途径上控制噪声的方法主要有以下两种：

第一，吸声：利用吸声材料（大多由多孔材料制成）或由吸声结构形成的共振结构（金属或木质薄板钻孔制成的空腔体）吸收声能，降低噪声。

第二，隔声：应用隔声结构阻碍噪声同空间传播，将接收者与噪声声源分隔。隔声结构包括隔声室、隔声罩、隔声屏障、隔声墙等。

（三）对接收者的防护

处于噪声环境下的人员应使用耳塞、耳罩等防护用品，减少相关人员在噪声环境中的暴露时间，以减轻噪声对人体的危害。

四、固体废弃物的处理

（一）常见的固体废弃物

水利工程施工过程中产生的常见固体废弃物包括：①建筑垃圾，包括砖瓦、碎石、渣土、混凝土碎块、废钢铁等；②生活垃圾，包括厨余垃圾、废纸、碎玻璃、陶瓷碎片、废电池、废塑料制品等；③设备、材料等的废弃包装；④粪便。

（二）固体废弃物的处理措施

水利工程施工过程中产生的固体废弃物的常用处理措施有如下几种：

第一，回收利用。回收利用是对固体废弃物进行资源化处理的重要手段之一，如废钢可按需要用作金属原材料。

第二，减量化处理。减量化是对已经产生的固体废弃物进行分选、破碎、压实、浓缩、脱水等处理，以减少其最终处置量，从而降低处理成本，降低其对环境的污染。减量化处理也涉及与其他处理技术相关的工艺方法，如焚烧、热解、堆肥等。

第三，焚烧技术。焚烧用于不适合再利用且不宜直接予以填埋处理的废弃物，尤其是对于已受到病菌、病毒污染的物品，可以用焚烧进行无害化处理。焚烧处理应使用符合环境要求的处理装置，以避免对大气的二次污染。

第四，稳定的固化技术。固化是指利用水泥、沥青等将松散的废弃物包裹起来，减少废弃物的毒性和可迁移性，以避免其造成二次污染。

第五，填埋。填埋是固体废弃物处理的最终技术，是指将经过无害化、减量化处理的废弃物残渣集中在填埋场进行处置。填埋场要利用天然或人工屏障，尽量使需要处理的废弃物与周围的生态环境隔离，并注意废弃物的稳定性和长期安全性。

五、水土保持

（一）枢纽工程防治区的水土保持

枢纽工程防治责任范围包括水库淹没区及库周影响区、导流工程挡水坝、溢洪道、泄洪冲沙建筑物、引水发电系统、溢洪道下游雾化区和坝址下游影响河段等。

枢纽工程防治区的水土保持应特别关注以下事项：

第一，控制开挖边坡。针对导流工程、挡水坝、厂房等主要建筑物，在主体工程施工过程中，施工人员要结合地质条件控制边坡坡度，应及时采取削坡、挡墙等防护措施，保证防护的时效性。

第二，加强对溢洪道和坝址下游岸坡的防护和监测，防止下泄水流对岸坡的冲刷。

第三，要尽量避免在雨日进行库区清库，同时加强施工期间对库区周边植被的保护。

第四，在溢洪道、坝肩、导流隧洞进出口等高陡边坡开挖过程中，开挖出的土石渣应及时运至规划弃渣场，抛洒于下坡面的土石方要及时清除，减少对周围地表植被的损坏。

（二）场内道路防治区的水土保持

场内道路防治区防治责任范围包括工程区场内道路、道路施工影响区及排水设施出水口下游影响区等。

场内道路防治区的水土保持应注意以下事项：

第一，根据道路挖填部位的地质条件和《公路工程技术标准》（JTG B01—2014）相关要求，确定合理的路堑和路堤边坡，在边坡开挖过程中，必须严格控制爆破炸药量。

第二，场内道路弃渣应及时运至规划弃渣场堆放，严禁弃渣任意堆置或倾倒入水体。

第三，填筑路段要求分层填筑，分层压实，对陡坡填筑坡脚进行拦挡。挖方路段边坡采用护面墙、护肩等进行防护。

第四，在道路两侧及边坡设置完善的截排水系统，并在施工过程中加强对设施的管理维护，对可能造成淤堵的截排水沟进行清理，以保证水流顺畅；

同时，加强侵蚀观测，对可能造成侵蚀的部位，采取防冲防护措施。

第五，对于挖填形成的高陡边坡及其外缘影响区，加强道路施工和运行阶段的调查监测，若有坡面侵蚀或边坡失稳等现象，应及时采取防护措施。

第六，各项水土保持措施与道路主体工程施工同步，及时有效地避免道路施工扰动区的土壤侵蚀。

（三）弃渣场防治区的水土保持

为保证渣体稳定，在施工过程中要严格控制堆渣程序，按照设计确定弃渣（存料）场的合理的边坡坡度（一般取 $1 : 2.5 \sim 1 : 1.5$）；渣体坡面要采用植物措施；渣体高度每升高 $2 \sim 3$ m 平整一次，并碾压 $3 \sim 4$ 遍；要随时检查堆渣高度和碾压遍数，同时注意控制坡比；要根据地质条件可选择重力式浆砌石拦渣墙等。

弃渣场防治区的水土保持应注意以下几点：

第一，检测已测量放线的构筑物尺寸、高程和基底处理情况。

第二，随时抽检所使用的石料规格及外形尺寸，检测砂浆的稠度等技术指标。

第三，检查砌筑的施工质量，检测灌浆饱满度、沉降缝分段位置、泄水孔、预埋件、反滤层及防水设施等是否符合设计规定或规范要求。在砌体工程完工时，技术人员应及时对断面尺寸、顶面高程、墙面垂直度、轴线位移、平整度等方面进行检查。若合格，则应签字认可；若发现缺陷，则及时通知承包人修补完整，并进行检查验收，合格后再签字认可。

第四，对于沟道型渣场，在堆渣之前必须在渣场上游设置处理设施，导排上游汇水，同时在渣场排水系统末端设置沉砂池，以减少对下游影响区的影响。处理设施主要包括排洪渠（洞）、挡水坝、泄水槽等。

第五，临时渣场表面绿化主要采取简易绿化措施，如撒播草籽复绿等。

（四）料场防治区的水土保持

料场防治区的防治责任范围包括土料场、石料场、料场周边开挖影响区和排水设施出水口下游直接影响区。

料场防治区的水土保持应注意以下几点：

第一，在土石料开挖前，对开采区域进行分区规划，地表无用层剥离集中在非雨季进行。

第二，在料场剥离的无用层的土石料中，将拟用于后期绿化和复耕覆土的部分及时运至规划的表土堆存场临时堆放，并采取临时防护措施，防止水土流失；将废弃部分运至弃渣场集中堆置。

第三，若料场开挖面积较大，则开挖前须完善料场区域的截排水设施。

第四，开采自上而下分层进行，严格按设计要求控制开挖边坡，边开采边防护，确保开挖边坡的稳定。

第五，在石料爆破开采过程中，应采用小量多次爆破的采石方法；在采挖结束后，应对料场进行清理，清理坡面浮土、碎石和坡脚处的松散体。

第六，考虑到开采区的坡度较陡，料场下游及两侧有沟道和施工道路，在土石料开采期间需要加强施工管理，确保道路顺畅和施工安全。

第七，在开采过程中，严禁将废渣倒入附近河道和沟道，避免对河（沟）道行洪产生不利影响。

第八，料场周边开挖影响区和排水设施出水口下游直接影响区应加强施工管理，保证排水顺畅，若有沟道淤堵和冲刷侵蚀现象发生，应及时采取防护措施。

（五）施工临时设施工程区的水土保持

施工临时设施工程区的防治责任范围包括施工生产生活设施区、开挖区周边影响范围和排水设施出水口下游影响范围。

施工临时设施工程区的水土保持应注意以下几点：

第一，在平整施工临时设施用地的过程中，应结合地形条件，采用半挖半填的形式，减少土石方工程量，并尽量做到挖填平衡。

第二，施工场地表土剥离一般为 20～30 cm，也可根据设计文件确定，将剥离的耕植土堆放储存，四周夯实，加以防护，以备复垦使用。

第三，水电站临时设施建设应以房建和平台设施修筑为主，且应结合地形考虑，依地势进行台阶式布置，并采取浆砌石护面墙、挡墙等进行防护。

第四，在施工过程中，应及时清除废弃的建筑垃圾，将其运至指定区域，并将扰动区域控制在征地红线范围内，严禁破坏周边的土地资源。

第五，结合上游及周边来水情况，设置完善的截排水系统，以保证施工区地表及沟道排水通畅，防止裸露地表遭到侵蚀；在场地平整之前必须先建设排水和拦挡措施，在沟谷地带布置的施工场地周边需要优先建设排水系统，包括山坡截水系统、上游来水的排水系统等，在坡地建设的施工场地需要在场地上游设置截水系统，开挖边坡，在坡脚设置挡墙等；在场地平整之后需要在场内设置完善的排水系统。

第六，设置临时防护措施。临时防护措施主要包括表土堆存场临时防护措施，临时施工道路排水和防护措施，以及坡面开挖过程中在下侧设置的栅栏、沙袋等临时拦挡措施。

第七，在施工过程中，应对施工仓库区、施工临时生活区等区域内各项设施间的零星空地进行适当绿化美化，以改善工作环境，提高地表植被覆盖率，减少地表侵蚀。绿化包括开挖坡面框格植草、填筑边坡绿化以及场地空地绿化等。绿化树种应尽量选用乡土树种。砂石料系统、混凝土系统等区域场地内的绿化需要选用具有吸尘、减噪等植物特性的树种；表土堆存区的绿化应以草本植物为主。

（六）桥梁工程区的水土保持

桥梁工程区的水土保持应注意以下几点：

第一，桥梁施工禁止侵占河道，影响河道行洪。

第二，加强工程涉河路段的防护，占用水域的工程，需要通过河道管理部门的审批。

第三，为避免桥梁施工对上下游河道造成影响，施工单位应严格施工管理，合理施工，严格监督，必须按照方案设计的桥梁工程防治区水土保持措施进行施工，严禁向河道内倾倒土石方，保证泥浆钻渣得到妥善处理，避免对桥梁上下游河道造成危害。

第四，在桥梁工程施工之前，开挖完成设计要求的泥浆池和沉淀池，将开挖土料堆置在池四周；将施工过程中产生的钻孔渣及时运至沉淀池做干化处理，在处理完成后清运至指定弃渣场或回填绿化。

第五，在桥梁施工结束后，施工单位需要及时对沉淀池和泥浆池进行施工迹地恢复，在场地平整后，可绿化或复耕。

（七）水库淹没区的水土保持

水库淹没区的水土保持应注意以下几点：

第一，做好淹没区内有关防护措施的落实工作，重点是工区淹没后可能存在边坡塌方区域的防护处理、道路边坡的防护处理等。

第二，对弃渣场、取料场等可能处于淹没范围的，应该及时做好淹没前的各项防护工作，做好照片等影像资料的收集、存档工作。

第三，巡查施工场地四周是否存在塌方，发现问题要及时要求相关单位整改。

（八）道路施工区的水土保持

道路施工区的水土保持应注意以下几点：

第一，在道路开挖前，要清表，表土临时堆存。

第二，在道路路基开挖过程中，要对路基边坡做好临时防护，避免开挖土石方进入下边坡而给后续浮渣清理增加难度。

第三，施工单位不得随意扩大开挖范围或因开挖土石方而对周围原有植被产生占压。

第四，设计中未考虑防护的区域，根据实际情况督促增设防护措施或排水设施，清理沟道内各类淤积物，确保截排水沟的排水功能正常发挥。

第五，督促施工单位对道路施工涉及的临建场地进行清理，符合要求后施工单位方可退场。

第六章　水利工程质量控制

第一节　工程质量控制概述

一、工程质量和质量控制的概念

（一）工程质量的概念

质量是反映实体满足明确或隐含需要能力的特性的总和。工程质量是国家现行的有关法律、法规、技术标准、设计文件及工程承包合同对工程的安全性、适用性、经济性、美观性等特征的综合要求。

从功能和使用价值来看，工程质量体现在适用性、可靠性、经济性、外观质量与环境协调等方面。因工程是依据项目法人的需求而建设的，故各工程的功能和使用价值的质量应满足不同项目法人的需求，并无统一标准。

从工程质量的形成过程来看，工程质量包括工程建设各个阶段的质量，即可行性研究质量、决策质量、设计质量、施工质量、竣工验收质量等。

工程质量具有两个方面的含义：①工程产品的特征性能，即工程产品质量；②参与工程建设各方的工作水平、组织管理水平等，即工作质量。其中，工作质量包括社会工作质量和生产过程工作质量。社会工作质量主要是指社会调查、市场预测、维修服务等的质量。生产过程工作质量主要包括管理工作质量、技术工作质量、后勤工作质量等，最终将反映在工序质量上，而工序质量直接受人、原材料、机械设备、工艺及环境等五方面因素的影响。因此，工程质量是各环节、各方面工作质量的综合反映。

（二）工程质量控制的概念与分类

质量控制是指为达到质量要求而采取相应的作业技术和实施相关作业活动。工程质量控制实际上就是对工程在可行性研究、勘测设计、施工准备、建设实施、后期运行等各阶段、各环节、各因素的全程、全方位的质量监督控制。工程质量有一个产生、形成和实现的过程，控制这个过程中的各环节，即可满足工程合同、设计文件、技术规范等规定的质量标准。在我国，工程质量控制按其实施者的不同，可分为以下三类：

1.项目法人方面的质量控制

项目法人方面的质量控制，主要是项目法人委托监理单位依据国家的法律、规范、标准和工程建设的合同文件，对工程建设进行监督和管理，其是外部的、横向的、不间断的质量控制。

2.政府方面的质量控制

政府方面的质量控制是通过政府的质量监督机构来实现的，其目的在于维护社会公共利益，保证技术性法规和标准的贯彻执行，其是外部的、纵向的、定期或不定期的控制。

3.承包人方面的质量控制

承包人主要通过建立健全质量保证体系、加强工序质量控制、严格实行"三检制"（即初检、复检、终检）、避免返工、提高生产效率等方式来进行质量控制。承包人方面的质量控制是内部的、自身的、连续的控制。

二、工程质量的特点

建筑工程具有位置固定、生产流动、项目单件性、生产一次性、受自然条件影响大等特点，这决定了建筑工程质量具有以下几个特点：

第一，质量影响因素多。影响工程质量的因素是多方面的，如人、机械、材料、方法、环境（人、机、料、法、环）等均直接或间接地影响着工程质量，尤其是水利工程的建设，一般由多家承包单位共同完成，故其质量影响因素更多。

第二，质量波动大。由于工程建设周期长，在建设过程中易受到系统因素及偶然因素的影响，工程质量易产生波动。

第三，质量变异大。由于影响工程质量的因素较多，任何因素的变异均会引起工程质量的变异。

第四，质量具有隐蔽性。由于工程在施工过程中，工序交接多，中间产品多，隐蔽工程多，取样数量受到各种因素、条件的限制，导致产生错误判断的概率增大。这增强了工程质量的隐蔽性。

第五，终检局限性大。因为建筑产品具有位置固定等特点，在质量检验时不能解体、拆卸，所以终检验收难以发现工程内在的、隐蔽的质量缺陷。

此外，质量、进度和投资目标三者之间既对立又统一的关系，使工程质量受到投资、进度的制约。因此，针对工程质量的特点，相关单位要严格控制质量，并将质量控制贯穿工程建设的全过程。

三、工程质量控制的原则

在工程建设过程中，其质量控制应遵循以下几项原则：

（一）质量第一原则

"百年大计，质量第一"。工程建设与国民经济的发展和人民生活的改善息息相关。质量的好坏直接关系到国家能否繁荣富强、人民生命财产能否安全、子孙能否幸福，所以必须牢固树立质量第一思想，坚持质量第一原则。

任何产品都必须达到规定的质量水平，否则就可能无法实现其使用价值，从而给消费者和社会带来损失。从这个意义上讲，质量必须是第一位的。

坚持质量第一原则，必须弄清并摆正质量和数量、质量和进度之间的关系。不符合质量要求的工程，数量和进度都将失去意义，也没有任何使用价值，而且数量越多、进度越快，国家和人民遭受的损失也将越大。因此，好中求多、好中求快、好中求省才符合质量控制的要求。

遵循"质量第一"原则要求企业全员，尤其是领导层有强烈的质量意识；要求企业根据用户或市场的需求，科学地确定质量目标，并安排人力、物力、财力予以保证。当质量与数量、社会效益与企业效益、长远利益与眼前利益发生矛盾时，质量、社会效益和长远利益应放在首位。

"质量第一"并非"质量至上"。质量不能脱离当前的市场水准，也不能不问成本一味讲求质量，应该重视质量成本分析，把质量与成本加以统一，确定最合适的质量水平。

（二）预防为主原则

对于建筑工程，我国长期以来采取事后检验的方法，认为严格检查就能保证质量，实际上这是远远不够的，应该从事后检验变为积极预防的事前管理。因为好的建筑产品是好的设计、好的施工所产生的，不是检查出来的。我们必须在项目管理的全过程中，采取各种措施，消灭种种不符合质量要求的因素，以保证建筑工程的质量。如果影响工程质量的各种因素（人、机、料、法、环）预先得到了控制，保证工程质量就有了前提条件。

（三）为用户服务原则

工程质量控制是为了满足用户的要求，尤其是用户对质量的要求。真正好的质量是用户完全满意的质量。进行质量控制就是要把为用户服务的原则作为工程质量控制的出发点，贯穿到各项工作中。

这里的用户是广义的，不仅指工程完工后的直接用户，而且把下道工序视作上道工序的用户。例如，混凝土工程、模板工程的质量会直接影响混凝土浇筑的质量。每道工序的质量不仅会影响下道工序的质量，也会影响工程进度和费用。各个部门、各种工作、各种人员都有一定的工作顺序，前道工序的工作一定要保证质量，凡达不到质量要求不能进行下道工序，一定要使下道工序这个"用户"感到满意。

（四）用数据说话原则

这一原则要求质量控制工作具有科学的工作作风，对问题不仅要进行定性分析，还要进行定量分析，做到心中有数，这样可以避免主观盲目性。

质量控制必须建立在有效的数据基础之上，依靠能够确切反映客观实际的数字和资料，否则就谈不上科学。一切用数据说话，就需要用数理统计方法对工程实体或工作对象进行科学的分析和整理，从而研究工程质量的波动情况，寻求影响工程质量的主次因素，以便相关人员采取改进质量的有效措施，掌握保证和提高工程质量的客观规律。

在很多情况下，评定工程质量时，虽然也按规范标准进行检测计量，会产生一些数据，但是这些数据往往不完整、不系统，没有按数理统计要求积累数据、抽样选点，所以难以汇总分析，有时只能统计加估计，既不能完全反映工程的内在质量状态，也不能很好地用于质量教育，提高人员素质。所以，施工人员必须树立起"用数据说话"的意识，从积累的大量数据中找出控制质量的规律，以保证工程的优质建设。

四、工程质量影响因素的控制

在工程建设的各个阶段，影响工程质量的主要因素就是人、机、料、法、环等五个方面。为此，应对这五个方面的因素进行严格的控制，以确保工程质量。

（一）对人的因素的控制

人是工程质量的控制者，也是工程质量的"制造者"。工程质量与人的因素是密不可分的。控制人的因素，如调动人的积极性、避免人为失误等，是控制工程质量的关键。

1.领导者的素质

领导者是具有决策权力的人，其整体素质是提高工作质量和工程质量的关键，因此在对承包人进行资质认证和选择时一定要考核其领导者的素质。

2.人的理论水平和技术水平

人的理论水平和技术水平是人的综合素质的表现，会直接影响工程质量，尤其是技术复杂、操作难度大、精度要求高、工艺新的工程对人员素质要求更高，若无法保证相关人员的理论水平和技术水平，工程质量就很难得到保证。

3.人的生理缺陷

根据工程施工的特点和环境，应严格控制人的生理缺陷，如患有高血压、心脏病的人不能从事高空作业和水下作业，反应迟钝、应变能力差的人不能操作快速运行、动作复杂的机械设备等；否则，将影响工程质量，引发安全事故。

4.人的心理

影响人的心理的因素很多，这些因素很容易使人产生愤怒、怨恨等情绪，使人的注意力转移，由此引发质量、安全事故。所以，发包人在审核承包人的资质水平时，要注意职工的凝聚力、情绪等，这也是选择承包人的一条标准。

5.人的错误行为

人的错误行为是指人在工作场地或工作中吸烟、打盹、错视、错听、误判断、误动作等，这些都会影响工程质量或造成质量事故。所以，有危险的工作场所，应严格禁止吸烟、嬉戏等。

6.人的违纪违章

人的违纪违章是指人的粗心大意、注意力不集中、不履行安全措施等不良行为，会对工程质量造成损害，甚至引发工程质量事故。

（二）对机械设备因素的控制

机械设备是工程建设不可缺少的设施。目前，工程建设的施工进度和施工质量都与机械设备关系密切，因此在施工阶段，必须对机械设备的选型、主要性能参数以及使用、操作要求等进行控制。

1.机械设备的选型

机械设备的选型应因地制宜，按照技术先进、经济合理、生产适用、性能可靠、使用安全、操作和维修方便等原则来选择。

2.机械设备的主要性能参数

机械设备的性能参数是选择机械设备的主要依据。为满足施工的需要，在性能参数选择上可适当留有余地，但不能选择超出需要很多的机械设备；否则，容易造成经济上的不合理。机械设备的性能参数很多，相关人员要综合各性能参数确定合适的机械设备；要结合机械设备施工方案，择优选择机械设备；要严格把关，不符合要求和有安全隐患的机械设备不准进场。

3.机械设备的使用、操作要求

合理使用机械设备、正确地进行操作是保证工程质量的重要环节。为此，施工企业应贯彻"人机固定"的原则，实行定机、定人、定岗位的制度。机械设备操作人员必须认真执行各项规章制度，严格遵守操作规程，防止出现安全及质量事故。

（三）对材料因素的控制

1.材料质量控制的要点

第一，掌握材料信息，优选供货厂家。施工单位应掌握材料信息，优先选有信誉的厂家供货，对于主要材料、构配件，在订货前必须经监理工程师论证同意。

第二，合理组织材料供应。建设单位应协助施工单位合理地进行材料采购、加工、运输、储备，尽量加快材料周转，按质、按量、如期满足工程建设需要。

第三，合理地使用材料，减少材料损失。

第四，加强材料检查验收。用于工程上的主要建筑材料，在进场时必须具备正式的出厂合格证和材质化验单，否则应作补检。工程中所用的各种构配件，必须具有厂家批号和出厂合格证。凡是标志不清或质量有问题的材料，对质量保证资料有怀疑或与合同规定不相符的一般材料，必须进行一定比例的材料试验，并追踪检验。对于进口的材料和设备，以及重要工程或关键施工部位所用材料，必须全部进行检验。

第五，重视材料的使用认证，以防错用或使用不当。

2.材料质量控制的内容

（1）材料质量的标准

材料质量的标准是验收、检验材料质量的依据。具体的材料质量标准指标可参见相关材料手册。

（2）材料质量的检验

材料质量的检验目的是通过一系列的检测手段，将取得的材料数据与材料的质量标准相比较，用以判断材料质量的可靠性。

（3）材料质量的检验方法

书面检验：对提供的材料质量保证资料、试验报告等进行审核。

外观检验：对材料品种、规格、标志、外形尺寸等进行直观检查，看有无质量问题。

理化检验：借助试验设备和仪器对材料样品的化学成分、机械性能等进行科学鉴定。

无损检验：在不破坏材料样品的前提下，利用超声波、X射线、表面探伤检测仪等进行检测。

（4）材料质量检验程度

材料质量检验程度分为免检、抽检和全部检查（简称全检）。

免检是免去质量检验工序。对有足够质量保证的一般材料，以及实践证明质量长期稳定而且质量保证资料齐全的材料，可予以免检。

抽检是按随机抽样的方法对材料抽样检验，如对材料的性能不清楚，对质量保证资料有怀疑，或对成批生产的构配件，均应按一定比例进行抽样检验。

全检是对进口的材料、设备和重要工程部位的材料，以及贵重的材料，进行全部检验，以确保材料质量和工程质量。

（5）材料质量检验的取样

材料质量检验的取样必须具有代表性，也就是所取样品的质量应能反映出该批材料的质量。在采取试样时，检验人员必须按规定的部位、数量及采选的操作要求进行。

（6）材料的选择和使用要求

材料选择不当和使用不正确会严重影响工程质量，甚至造成工程质量事故。因此，在施工过程中，施工单位必须针对工程的特点和环境要求及材料的性能、质量标准、适用范围等多方面综合考察，慎重选择和使用材料。

（四）对方法的控制

对方法的控制主要是指对施工方案的控制，包括对整个工程建设期内所采用的技术方案、工艺流程、组织措施、检测手段、施工组织设计等的控制。对一个工程而言，施工方案恰当与否直接关系到工程质量的好坏和工程的成败，所以应重视对方法的控制。这里说的方法控制，在工程施工的不同阶段，其侧重点不相同，但都是围绕确保工程质量这个目的进行的。

（五）对环境因素的控制

影响工程质量的环境因素很多，有工程技术环境、工程管理环境、劳动环境等。环境因素对工程质量的影响复杂而且多变，因此施工单位应根据工程特点和具体条件，对影响工程质量的环境因素进行严格控制。

第二节　质量控制的依据、方法和工序质量监控

一、质量控制的依据

施工阶段的质量控制的依据大体上可分为两类，即共同性依据和专门技术法规性依据。

共同性依据是指那些适用于工程项目施工阶段，与质量控制有关、具有普遍指导意义的必须遵守的基本文件。共同性依据主要有工程承包合同文件、设计文件、国家和行业现行的质量控制方面的法律法规。其中，工程承包合

同规定了参与施工建设的各方在质量控制方面的权利和义务，可据此对工程质量进行监督和控制。

有关质量检验与控制的专门技术法规性依据是指针对不同行业、不同的质量控制对象而制定的技术法规性文件，主要包括以下几类：

第一，已批准的施工组织设计。它是承包单位进行施工准备和指导现场施工的规划性、指导性文件，详细规定了工程施工的现场布置、人员设备的配置、作业要求、施工工序和工艺、技术保证措施、质量检查方法和技术标准等，是进行质量控制的重要依据。

第二，合同中引用的国家和行业的现行施工操作技术规范、施工工艺规程及验收规范。它是维护正常施工的准则，与工程质量密切相关，必须严格遵守执行。

第三，合同中引用的有关原材料、半成品、配件方面的质量依据，如水泥、钢材、骨料等有关产品技术标准，水泥、钢材、骨料等有关检验、取样方法的技术标准，有关材料验收、包装、标志的技术标准。

第四，制造厂提供的设备安装说明书和有关技术标准。这是施工安装承包人进行设备安装必须遵循的重要技术文件，也是检查和控制质量的依据。

二、质量控制的方法

施工过程中的质量控制方法主要有旁站检查、测量、试验等。

（一）旁站检查

旁站检查是指有关管理人员对重要工序（质量控制点）的施工所进行的现场监督和检查，以避免质量事故的发生。旁站检查是驻地监理人员的一种主要现场检查形式。根据工程施工难度及复杂性，可采用全过程旁站检查、部分时间旁站检查两种方式。对于容易产生缺陷的部位，或产生缺陷难以补救的部位，以及隐蔽工程，应加强旁站检查。在旁站检查中，必须检查承包人在施工中所用的设备、材料及混合料是否符合已批准的文件要求，检查施工方案、施工工艺是否符合相应的技术规范。

（二）测量

测量是控制建筑物尺寸的重要手段，应对施工放样及高程控制进行核查，不合格者不准开工。对于模板工程和已完工程的几何尺寸、高程、宽度、厚度、坡度等质量指标，须按规定要求进行测量验收，不符合规定要求的须进行返工。测量记录均要经工程师审核签字后方可使用。

（三）试验

试验是工程师确定各种材料和建筑物内在质量是否合格的重要方法。所有工程使用的材料都必须事先经过试验，质量必须满足产品标准，并经工程师检查批准后方可使用。试验包括水泥、粗骨料、沥青、土工织物等各种原材料试验，不同等级混凝土的配合比试验，外购材料及成品质量证明和必要的鉴定试验，仪器设备的校调试验，加工后的成品强度及耐用性检验，工程检查等。没有试验数据的工程不予验收。

三、工序质量监控

（一）工序质量监控的内容

工序质量监控主要包括对工序活动条件的监控和对工序活动效果的监控。

1.对工序活动条件的监控

对工序活动条件的监控是指对影响工程生产的因素进行控制。对工序活动条件的监控是工序质量监控的手段。虽然在开工前相关人员对生产活动条件已进行了初步控制，但在工序活动中有的条件还会发生变化，使其基本性能达不到检验指标，这正是生产质量不稳定的重要原因。因此，只有对工序活动条件进行监控，才能实现对工程或产品的质量性能特性指标的控制。工序活动条件包括的因素较多，要通过分析，分清影响工序质量的主要因素，抓住主要矛盾，逐渐予以调节，以达到质量控制的目的。

2.对工序活动效果的监控

对工序活动效果的监控主要反映在对工序产品质量性能的特征指标的控制上。相关人员可通过对工序活动的产品采取一定的检测手段进行检验，根据检验结果分析、判断该工序活动的质量效果，从而实现对工序质量的控制，其步骤为：①进行工序活动前的控制；②采用必要的手段和工具；③应用质量统计分析工具（如直方图、控制图、排列图等）对检验所得的数据进行分析，找出这些质量数据所遵循的规律；④根据质量数据分布规律的结果，判断质量是否正常；⑤若出现异常情况，则要寻找原因，找出影响工序质量的因素，并采取措施进行调整；⑥重复前面的步骤，检查调整效果，直到满足要求。

（二）工序质量监控实施要点

对工序质量进行监控，应先确定工序质量控制计划，它是以完善的质量监控体系和质量检查制度为基础的。一方面，工序质量控制计划要明确规定质量监控的工作程序、流程和质量检查制度；另一方面，需要进行工序分析，在影响工序质量的因素中找出对工序质量产生影响的重要因素，进行主动的、预防性的重点控制。

例如，在振捣混凝土这一工序中，振捣棒插入点和振捣时间是影响振捣质量的主要因素，为此应加强现场监督并要求施工单位严格控制。在整个施工活动中，相关人员应采取连续的动态跟踪控制，通过对工序产品的抽样检验判定产品质量波动状态。若工序活动处于异常状态，则应查出影响质量的原因，采取措施排除系统性因素的干扰，使工序活动恢复正常状态，从而保证工序活动及其产品质量。

（三）设置质量控制点

设置质量控制点是进行工序质量预防控制的有效措施。质量控制点是指为保证工程质量而必须控制的重要工序、关键部位、薄弱环节。相关人员应在施工前全面、合理地选择质量控制点，并对设置质量控制点的情况及拟采取的控制措施进行审核；在必要时，应对质量控制实施过程进行跟踪检查或旁站监督，以确保质量控制点的施工质量。

在工程中，一般对以下对象设置质量控制点：

第一，关键的分项工程，如大体积混凝土工程、土石坝的坝体填筑工程、隧洞开挖工程等。

第二，关键的工程部位，如混凝土面板堆石坝工程中面板、趾板及周边缝的接缝，土基上水闸的地基基础，预制框架结构的梁板节点，关键设备的设备基础等。

第三，薄弱环节，即经常发生或容易发生质量问题的环节，或承包人无法把握的环节，或采用新工艺（材料）施工的环节。

第四，关键工序，如钢筋混凝土工程的混凝土振捣、灌注桩钻孔及隧洞开挖的钻孔布置等。

第五，关键工序的关键质量特性，如混凝土的强度、耐久性，土石坝的干密度，黏性土的含水率等。

第六，关键质量特性的关键因素，如冬季影响混凝土强度的关键因素是环境（养护温度），影响支模的关键因素是支撑方法，影响泵送混凝土输送质量的关键因素是机械，影响墙体垂直度的关键因素是人等。

质量控制点的设置应准确、有效，因此需要由有经验的质量控制人员来选择质量控制点，一般可根据工程性质和特点来确定。

（四）见证点、停止点的概念

在工程项目实施质量控制中，通常是由承包人在分项工程施工前制订施工计划时就选定质量控制点，并在相应的质量计划中进一步明确哪些是见证点，哪些是停止点。所谓见证点和停止点，是国际上对重要程度不同及监督控制要求不同的质量控制对象的一种区分方式。

见证点监督也称为 W 点监督。对于被列为见证点的质量控制对象，在施工前，施工单位应提前 24 h 通知监理人员在约定的时间到现场进行见证并实施监督。若监理人员未按约定到场，则施工单位有权对该点进行相应的操作。停止点也称为待检查点或 H 点，它的重要性高于见证点，是针对那些因施工过程或工序施工质量不易或不能通过其后的检验和试验而应得到充分论证的"特殊过程"或"特殊工序"而言的。对于被列入停止点的质量控制点，施工单位必须在施工开始之前 24 h 通知监理人员到场实行监控，若监理人员未能在约定时间到达现场，则施工单位应停止该控制点的施工，并按合同规定等待监理方，未经认可不能超过该点继续施工，如水闸闸墩混凝土结构在钢筋架立后、混凝土浇筑前，可设置停止点。

在施工过程中，应加强旁站检查和现场巡查的监督检查，严格实施隐蔽工程工序间交接检查验收、工程施工预检等检查监督，严格执行对成品保护的质量检查。只有这样才能及早发现问题，及时纠正，防患于未然，确保工程质量，避免造成工程质量事故。为了对施工期间的各分部（分项）工程的各工序质量实施严密、细致、有效的监督和控制，相关人员应认真地填写跟踪档案,即施工和安装记录。

第三节　全面质量控制、
质量数据及其分析方法

一、全面质量控制

(一)全面质量控制的基本概念

全面质量控制是以组织全员参与为基础的质量控制模式,是为了能够在最经济的水平上,在充分满足用户的要求的条件下进行市场研究、设计、生产和服务,把企业内各部门研究质量、维持质量和提高质量的活动构成一体的一种有效体系。

(二)全面质量控制的基本要求

1.全过程的质量控制

任何一个工程的质量,都有一个产生、形成和实现的过程,整个过程由多个相互联系、相互影响的环节所组成,每一个环节都或重或轻地影响着最终的质量状况。因此,要搞好工程质量控制,必须把形成质量的全过程和有关因素控制起来,形成一个综合管理体系,做到以防为主、防检结合、重在提高。

2.全员的质量控制

工程的质量是企业各方面、各部门、各环节工作质量的反映。每一个环节、每一个人的工作质量都会不同程度地影响工程的最终质量。工程质量人人有责,只有人人都关心工程质量,做好本职工作,才能保证工程的高质量。

3.全企业的质量控制

全企业的质量控制一方面要求企业各控制层次都有明确的质量控制内容，各层次质量控制的侧重点突出，每个部门都有自己的质量计划、质量目标和对策，层层控制；另一方面要求把分散在各部门的质量控制职能发挥出来，如水利工程中的"三检制"，就充分反映了这一点。

4.多方法的管理

影响工程质量的因素越来越复杂，既有物质因素，又有人为因素；既有技术因素，又有管理因素；既有企业内部因素，又有企业外部因素。要想搞好工程质量，就必须把这些影响因素控制起来，分析它们对工程质量的不同影响，灵活运用各种现代化控制方法来解决工程质量问题。

（三）全面质量控制的基本指导思想

1.质量是设计、制造出来的，而不是检验出来的

在生产过程中，检验是重要的，它可以起到不允许不合格品出厂的把关作用，同时还可以将检验信息反馈到有关部门。但影响产品质量的真正因素并不是检验，而是设计和制造。设计质量是先天性的，在设计的时候就已经决定了质量的等级和水平；而制造是实现设计质量，是一种符合性质量。二者不可偏废，都应受到重视。

2.突出人的积极因素

从某种意义上讲，在开展质量控制活动的过程中，人的因素是最积极、最重要的因素。与质量检验阶段和统计质量控制阶段相比较，全面质量控制阶段格外强调调动人的积极因素的重要性。这是因为现代化生产多为大规模的系统生产，环节众多且联系密切、复杂，远非单纯靠质量检验或统计方法就能奏效。必须调动人的积极因素，增强人的质量意识，发挥人的主观能动性，以确保产品和服务的质量。全面质量控制的特点之一就是全体人员参与

管理,强调质量第一、人人有责。

增强质量意识,调动人的积极因素,一靠教育,二靠规范,不仅要依靠教育培训和考核,还要依靠有关质量的立法以及必要的行政手段等各种激励及处罚措施。

(四)全面质量控制的工作原则

1.经济原则

全面质量控制强调质量,但必须考虑经济性,设立合理的经济界限,这就是所谓的经济原则。在制定质量标准时,在生产过程中进行质量控制时,在选择质量检验方式(如抽样检验、全数检验)时,都必须考虑其经济性。

2.协作原则

协作是大生产的必然要求。生产和管理分工越细,就越需要协作。一个具体单位的质量问题往往涉及许多部门,若无良好的协作是很难解决的。因此,协作是全面质量控制的一条重要原则。

二、质量数据

利用质量数据进行工程质量控制是控制工程质量的重要手段。收集和整理质量数据,进行统计分析比较,找出生产过程中的质量规律,判断工程产品质量状况,发现存在的质量问题,找出引起质量问题的原因,并及时采取措施,预防和处理质量事故,可使工程质量始终处于受控状态。

质量数据是用以描述工程质量特征的数据。它是进行质量控制的基础。没有质量数据,就不可能有现代化的科学的质量控制。

(一)质量数据的类型

1.按质量数据自身特征分类

质量数据按其自身特征可分为计量值数据和计数值数据。

计量值数据是可以连续取值的连续型数据，如长度、重量、面积、标高等质量特征数据，一般可以用量测工具或仪器等测量，且带有小数。

计数值数据是不连续的离散型数据，如不合格品数、不合格的构件数等。这些反映质量状况的数据不能用量测器具来度量，只能采用计数的办法计数，且只能是非负整数。

2.按质量数据收集目的分类

质量数据按其收集目的可分为控制性数据和验收性数据。

控制性数据一般是以工序作为研究对象，是为分析、预测施工过程是否处于稳定状态而定期、随机地抽样检验获得的质量数据。

验收性数据是以工程的最终实体内容为研究对象，为分析、判断其质量是否达到技术标准或用户的要求，而采取随机抽样检验获取的质量数据。

（二）质量数据的波动及其原因

在工程施工过程中常可看到，在设备、原材料、工艺及操作人员相同的条件下，生产的同一种产品的质量不同，反映在质量数据上，即质量数据具有波动性。质量数据的影响因素有偶然性因素和系统性因素两大类。偶然性因素引起的质量数据波动属于正常波动。偶然性因素是无法或难以控制的因素，所造成的质量数据的波动量不大，没有倾向性，作用是随机的。当工程质量只受偶然性因素影响时，生产才处于稳定状态。由系统性因素造成的质量数据波动属于异常波动。系统性因素是可控制、易消除的因素，这类因素不经常出现，但具有明显的倾向性，对工程质量的影响较大。

质量控制的目的就是找出质量异常波动的原因，即系统性因素是什么，并加以排除，使质量只受偶然性因素的影响。

（三）质量数据的收集

质量数据收集的总的要求应当是随机抽样，即整批数据中每一个数据被抽到的概率相同。常用的方法有随机法、系统抽样法、二次抽样法和分层抽样法。

（四）统计特征数据

为了进行统计分析和运用特征数据对质量进行控制，经常要使用许多统计特征数据。

统计特征数据主要有均值、中位数、极值、极差、标准偏差、变异系数。其中，均值、中位数表示数据集中的位置；极值、极差、标准偏差、变异系数表示数据的波动情况，即分散程度。

三、质量数据的分析方法

通过对质量数据的收集、整理和统计分析，找出质量的变化规律和存在的质量问题，提出进一步的改进措施，这种运用数学工具进行质量控制的方法是所有涉及质量控制的人员所必须掌握的，它可以使质量控制工作定量化和规范化。下面介绍几种在质量控制中常用的分析方法。

（一）直方图法

1.直方图的用途

直方图又称频率分布直方图，用于表示产品质量频率的分布状态。施工单位可以根据直方图形的分布形状和与公差界限的距离来观察、探索质量分布规律，分析和判断整个施工过程是否正常。

利用直方图可以制定质量标准，确定公差范围，判断质量分布情况是否符合标准的要求。

2.直方图的分布形式

直方图有以下几种分布形式：

第一，锯齿型，产生原因一般是分组不当或组距确定不当。

第二，正常型，说明生产过程正常，质量稳定。

第三，绝壁型，一般是由剔除下限以下的数据造成的。

第四，孤岛型，一般是因为材质发生变化或他人临时替班。

第五，双峰型，一般是因为把两种不同的设备或工艺的数据混在一起。

第六，平顶型，一般是因为生产过程中有缓慢变化的因素起主导作用。

3.注意事项

利用直方图分析质量数据，应注意以下几点：

第一，直方图是静态的，不能反映质量的动态变化。

第二，在画直方图时，数据不能太少，一般应多于 50 个数据，否则画出的直方图难以正确反映总体的分布状态。

第三，当直方图出现异常时，应注意将收集的数据分层，然后画直方图。

第四，当直方图呈正态分布时，可求平均值和标准差。

（二）排列图法

排列图法是分析影响质量的主要因素的有效方法。将众多的因素进行排列，主要因素就一目了然了。

排列图由一个横坐标、两个纵坐标、几个长方形和一条曲线组成。左侧的纵坐标是频数或件数，右侧的纵坐标是累计频率，横轴则是项目或因素。排列图按项目频数大小顺序在横轴上自左而右画长方形，其高度为频数，再根据右侧的纵坐标画出累计频率曲线，该曲线也称巴雷特曲线。

（三）因果分析图法

因果分析图也叫鱼刺图、树枝图。因果分析图法是一种逐步深入研究和讨论质量问题的图示方法。在工程建设过程中，任何一种质量问题，一般都是由多种原因造成的。这些原因有大有小，相关人员把这些原因按照大小顺序分别用主干、大枝、中枝、小枝来表示，就能清楚地了解导致质量问题的原因，并以此为据，制定相应对策。

（四）管理图法

管理图也称控制图，是反映生产过程中各个阶段质量波动状态的图形，它可以反映生产过程随时间变化而变化的质量动态。施工单位可以通过管理图利用上下控制界限，将施工质量特性控制在正常波动范围内，一旦有异常反应，通过管理图就可以发现，并及时处理。

（五）相关图法

产品质量与影响产品质量的因素之间常有一定的相互关系，但不一定是严格的函数关系，这种关系称为相关关系，可利用直角坐标系将两个变量之间的关系表达出来。相关图的形式有正相关、负相关、非线性相关和无相关。

此外，还有调查表法、分层法等。

第四节　施工合同条件下的
水利工程质量控制

工程施工是使工程设计意图最终实现并形成工程实体的阶段，也是最终形成工程产品质量和工程项目使用价值的重要阶段。由此可见，施工阶段的质量控制不但是工程师的核心工作内容，也是水利工程质量控制的重点。

一、质量检验的职责和权力

施工质量检验是建设各方进行质量控制必不可少的一项工作，它可以起到监督、控制质量，及时纠正错误，避免事故扩大，消除隐患等作用。

承包商质量检验的职责是提交质量保证计划措施报告。

按照我国有关法律、法规的规定，工程师在不妨碍承包商正常作业的情况下，可以随时对作业质量进行检验。这表明工程师有权对全部工程的所有部位及其任何一项工艺、材料和工程设备进行检验，并具有质量否决权。

二、材料、工程设备的检验

材料、工程设备的采购可分为两种情况：一是承包商负责采购材料和工程设备；二是承包商负责采购材料，业主负责采购工程设备。

在对材料和工程设备进行检验时，应区别对待以上两种情况。

当承包商采购材料和工程设备时，承包商应就其产品质量对业主负责。材料和工程设备的检验和交货验收由承包商负责实施，并承担所需费用。具体做法为：承包商会同工程师进行检验和交货验收，查验材质证明和产品合格证书。此外，承包商还应按合同规定进行材料的抽样检验和工程设备的检验测试，并将检验结果提交给工程师。工程师参加交货验收不能减轻或免除承包商在检验和验收中应负的责任。

当业主采购工程设备时，为了简化验交手续和避免重复装运，业主应将其采购的工程设备由生产厂家直接移交给承包商。为此，业主和承包商在合同规定的交货地点（如生产厂家、工地或其他合适的地方）共同进行交货验收，在验收合格后由业主正式移交给承包商。在交货验收过程中，业主采购的工程设备的检验及测试由承包商负责，业主不必再配备检验及测试用的设备和人员，但承包商必须将其检验结果提交给工程师，工程师要复核检验结果。

工程师和承包商应商定对工程所用的材料和工程设备进行检验的具体时间和地点。在通常情况下，工程师应到场参加检验，如果在商定时间内工程师未到场参加检验，且工程师无其他指示（如延期检验），承包商可自行检验，并立即将检验结果提交给工程师。除合同另有规定外，工程师应在事后确认承包商提交的检验结果。

当承包商未按合同规定检验材料和工程设备时，工程师应要求承包商按合同规定补做检验。此时，承包商应无条件地按工程师的要求和合同规定补做检验，并应承担检验所需的费用和可能带来的工期延误责任。

此外，额外检验是指，在合同履行过程中，如果工程师认为有需要增加合同中未规定的检验项目，则工程师有权要求承包商增加额外检验，承包商应遵照执行，但应由业主承担额外检验的费用和工期延误责任。

重新检验则是指，在任何情况下，如果工程师对以往的检验结果有疑问，则有权要求承包商进行再次检验，即重新检验，承包商必须执行工程师的要求，不得拒绝。"以往的检验结果"是指已按合同规定得到工程师同意的检验结果，如果承包商的检验结果未得到工程师同意，则工程师要求承包商进行的检验不能称为重新检验，而应称为合同内检验。

重新检验带来的费用增加和工期延误责任由谁承担应视重新检验结果而定。如果重新检验结果证明这些材料、工程设备、工序不符合合同要求，则应由承包商承担重新检验的全部费用和工期延误责任；如果重新检验结果证明这些材料、工程设备、工序符合合同要求，则应由业主承担重新检验的费用和工期延误责任。

当承包商未按合同规定进行检验，并且不执行工程师有关补做检验的要求和重新检验的要求时，工程师为了及时发现可能的质量隐患，减少可能造成的损失，可以指派自己的人员或委托其他人员进行检验，以保证质量。此时，不论检验结果如何，工程师因采取上述检验补救措施而造成的工期延误责任和增加的费用均应由承包商承担。

值得注意的是，禁止使用不合格材料和工程设备。工程使用的一切材料、工程设备均应满足合同规定的等级、质量标准和技术特性要求。工程师在工程质量检验中发现承包商使用了不合格材料或工程设备时，可以随时发出指示，要求承包商立即改正，并禁止其在工程中继续使用这些不合格的材料和工程设备。

如果承包商使用了不合格材料和工程设备，则其造成的后果应由承包商承担责任，承包商应无条件地按工程师的要求进行补救。业主提供的工程设备经验收不合格的应由业主承担相应责任。

不合格材料和工程设备应进行如下处理：

（1）如果工程师的检验结果表明承包商提供的材料或工程设备不符合合同要求，工程师可以拒绝接收，并立即通知承包商。此时，承包商除应立即停止使用外，还应与工程师共同研究补救措施。工程师如果在使用过程中发现不合格材料，则应视具体情况下达运出现场或降级使用的指示。

（2）如果检验结果表明业主提供的工程设备不符合合同要求，则承包商有权拒绝接收，并要求业主予以更换。

（3）如果承包商使用了不合格材料和工程设备，造成了工程损害，则工程师可以随时发出指示，要求承包商立即采取措施进行补救。

（4）如果承包商无故拖延或拒绝执行工程师的有关指示，则业主有权委托其他承包商执行该项指示，由此造成的工期延误责任和增加的费用由承包商承担。

三、隐蔽工程和工程隐蔽部位

隐蔽工程和工程隐蔽部位是指已完成的工作面经覆盖后无法事后查看的任何工程部位和基础。由于隐蔽工程和工程隐蔽部位的特殊性及重要性，没有工程师的批准，工程的任何部分均不得覆盖或使之无法查看。

对于将被覆盖的部位和基础，在进行下一道工序之前，承包商应进行自检，在确认其符合合同要求后，再通知工程师进行检查，工程师不得无故缺席或拖延。承包商在通知时应确认工程师有足够的检查时间。工程师应按约定的时间到场进行检查，确认质量符合合同要求，并在检查记录上签字，之后才能允许承包商对工程进行覆盖并进入下一道工序。承包商在取得工程师的检查签证之前，不得以任何理由进行覆盖，否则承包商应承担因补检而增加的费用和工期延误责任。如果工程师未及时到场检查，导致工期延误，则承包商有权要求延长工期和索赔。

四、放线

（一）施工控制网

工程师应在合同规定的期限内向承包商提供测量基准点、基准线和水准点及其书面资料。业主和工程师应对测量基准点、基准线和水准点的正确性负责。承包商应在合同规定期限内完成施工控制网的测量、设置，并将施工控制网资料报送工程师审批。承包商应对施工控制网的正确性负责。此外，承包商还应负责保管全部测量基准点和控制网点。在工程完工后，承包商应将施工控制网点完好地移交给业主。工程师为了监理工作的需要，可以使用承包商的施工控制网，并不为此另行支付费用。此时，承包商应及时提供必要的协助，不得以任何理由拒绝。

（二）施工测量

承包商应负责整个施工过程中的全部施工测量放线工作，包括地形测量、放样测量、断面测量、支付收方测量和验收测量等，并应自行配置合格的人员、仪器、设备和其他物品。承包商在施测前，应将施工测量措施报告报送工程师审批。工程师应按合同规定对承包商的测量数据和放样成果进行检查。当必要时，工程师还可指示承包商在其监督下进行抽样复测，并修正复测中发现的错误。

五、完工验收

完工验收是指承包商基本完成合同中规定的工程项目后，移交给业主前的交工验收，不是国家或业主对整个项目的验收。基本完成是指合同规定的工程项目不一定全部完成，有些不影响工程使用的尾工项目，经工程师批准，可待验收后在保修期内去完成。当工程具备了下列条件，并经工程师确认后，承包商即可向业主和工程师提交完工验收申请报告，并附上完工资料：

（1）除工程师同意可列入保修期完成的项目外，承包商已完成合同规定的全部工程项目。

（2）承包商已按合同规定备齐了完工资料，包括工程实施概况和大事记、已完工程（含工程设备）清单、永久工程完工图、施工期观测资料，以及各类施工文件、施工原始记录等。

（3）承包商已编制了在保修期内实施的项目清单和未修复的缺陷项目清单，以及相应的施工措施计划。

工程师在接到承包商的完工验收申请报告后的 28 d 内进行审核并作出决定，或者提请业主进行工程验收，或者通知承包商在验收前完成应完成的工作和对申请报告提出异议。承包商应在完成工作后或修改报告后重新提交完工验收申请报告。

业主在接到工程师提请进行工程验收的通知后，应在收到完工验收申请报告后 56 d 内组织工程验收，并在验收通过后向承包商颁发移交证书。移交证书上应注明由业主、承包商、工程师协商核定的工程实际完工日期。此日期是计算承包商完工工期的依据，也是工程保修期的开始。从颁发移交证书之日起，照管工程的责任即由业主承担，且在此后 14 d 内，业主应将保留金总额的 50%退还给承包商。

在水利工程中，分阶段验收有两种情况：第一种情况是在全部工程验收前，某些单位工程如船闸、隧洞等已完工，经业主同意可先行单独验收，验收通过业主向承包商后颁发单位工程移交证书，并接管这些单位工程。第二种情况是业主根据合同进度计划的安排，需要提前使用尚未全部建成的工程，如当大坝达到某一特定高程可以满足初期发电要求时，可对该部分工程进行验收。验收通过应签发临时移交证书，工程未完成部分仍由承包商继续施工。对于通过验收的部分工程，因其在施工期运行而使承包商增加了修复缺陷的费用，业主应给予适当的补偿。

业主如果在收到承包商完工验收申请报告后不及时进行验收，或在验收通过后无故不颁发移交证书，则应从承包商发出完工验收申请报告 56 d 后的次日起承担照管工程的费用。

六、工程保修

（一）保修期

工程在移交前，虽然已通过验收，但是还未经过运行的考验，可能有一些尾工项目和修补缺陷项目未完成，所以还必须有一段时间用来检验工程能否正常运行，这就是保修期。水利工程保修期一般不少于一年，从移交证书中注明的全部工程完工日期起算。在全部工程完工验收前，业主已提前验收的单位工程或分部工程，若未投入正常运行，则其保修期仍按全部工程完工日期起算；若已投入正常运行，则其保修期应从该单位工程或分部工程移交证书上注明的完工日期起算。

（二）保修责任

在保修期内，承包商应负责修复完工资料中未修复的缺陷项目清单所列的全部项目。在保修期内，如发现新的缺陷和损坏，或原修复的缺陷又遭损坏，承包商则应负责修复。至于修复费用由谁承担，要视缺陷和损坏的原因而定：若为承包商施工中的隐患或其他承包商的原因造成，则应由承包商承担；若为业主使用不当或业主其他原因所导致的损坏，则由业主承担。

（三）保修责任终止证书

在全部工程保修期满，且承包商不遗留任何尾工项目和缺陷修补项目时，业主或授权工程师应在 28 d 内向承包商颁发保修责任终止证书。

保修责任终止证书的颁发表明承包商已履行了保修期的义务，工程师对其满意；也表明承包商已按合同规定完成了全部工程的施工任务，业主接受了整个工程项目。但此时合同双方的财务账目尚未结清，可能有些争议还未解决，故并不意味合同已履行结束。

七、清理现场与撤离

圆满完成清场工作是承包商进行文明施工的一个重要标志。一般而言，在工程移交证书颁发前，承包商应按合同规定的工作内容对工地进行彻底清理，以便业主使用已完成的工程。经业主同意后，承包商也可留下部分清场工作在保修期满前完成。

承包商应按下列工作内容对工地进行彻底清理，直到工程师检验合格为止：

（1）清理工程范围内残留的垃圾。

（2）临时工程已按合同规定拆除，场地已按合同要求清理和平整。

（3）承包商的设备和剩余的建筑材料已按计划撤离工地，废弃的施工设备和材料亦已清除。

此外，在全部工程的移交证书颁发后 42 d 内，除了经工程师同意，因保修期工作需要而留下的部分承包商人员、施工设备和临时工程，承包商的队伍应撤离工地，并做好环境恢复工作。

第五节　水利工程常见质量问题
及其处理与预防

一、常见的质量问题

（一）设计缺陷

在水利工程施工中，设计缺陷是导致工程质量出现问题的重要原因之一。设计阶段的失误或疏忽可能直接导致后续施工过程出现一系列问题，如结构安全性不足、排水系统不合理等。这些问题不仅影响工程质量，还可能产生严重的安全隐患。例如，在设计阶段未能充分考虑地质条件的变化，可能会导致基础处理不当，进而影响建筑物的整体稳定性。此外，设计图纸上的错误或遗漏也是常见的设计缺陷之一，这些错误或遗漏可能导致施工方在施工过程中进行大量的修改工作，这不仅会增加施工成本，还可能延误工期。

（二）施工不当

施工不当是另一个导致水利工程质量出现问题的主要因素。这包括但不限于材料选择不当、施工工艺不合理、施工人员技术水平不足等问题。例如，在混凝土浇筑过程中，如果振捣不均匀或养护不到位，就可能导致混凝土强度降低，从而影响建筑物的耐久性和安全性。再如，在土石坝施工中，若压实度不足，则可能导致坝体渗漏，严重时甚至会引发溃坝事故。

二、问题处理措施与预防措施

（一）问题处理措施

面对已经发生的质量问题，施工单位采取及时有效的纠正措施是减少损失、确保工程质量的关键。

首先，施工单位应迅速组织专业团队对问题进行详细调查，明确问题的具体原因及其影响范围。

其次，施工单位应根据调查结果制订详细的纠正方案，包括但不限于返工、加固、修复等措施。

最后，在实施纠正方案的过程中，施工单位要确保所有操作符合相关技术规范和安全标准，必要时可邀请第三方机构进行监督，以保证纠正工作的质量和效果。同时，对于由质量问题造成的损失，施工单位应按照合同约定及相关法律法规进行合理赔偿，维护各方的合法权益。

（二）问题预防措施

为了从根本上防止类似问题的发生，建立和完善质量预防机制显得尤为重要。为此，相关方可采取如下措施：加强前期调研和设计审查，确保设计方案的科学性和可行性；强化施工过程中的质量监控，严格执行各项施工标准和技术规范；定期开展员工培训和技术交流活动，提升全体参建人员的质量意识和技术水平；建立健全的质量反馈机制；鼓励一线人员积极上报潜在的质量隐患，以便及时采取预防措施，将质量问题消灭在萌芽状态。采取上述措施，可以有效提高水利工程项目的整体质量水平，保障工程安全、可靠运行。

第七章　水利工程安全控制

第一节　安全控制的基本原则
与安全生产法规体系

安全控制，是指工程项目负责人对建设工程施工安全生产进行计划、组织、指挥、协调和监控的一系列活动，从而保证施工中的人身安全、设备安全、结构安全、财产安全，营造适宜的施工环境。

一、安全控制的基本原则

（一）安全第一原则

安全控制是确保项目顺利进行、保障人员生命财产安全的基础。安全第一原则强调了在任何情况下，安全都应放在首位，优先于进度和成本。这意味着在施工过程中，施工人员必须时刻关注施工现场的安全状况，及时发现并消除潜在的安全隐患，确保所有作业都在安全的条件下进行。例如，当面临赶工期的压力时，不应牺牲安全标准，而应通过优化施工计划、增加资源投入等方法来保证既定的安全措施得到有效执行。只有将安全视为不可妥协的前提，才能确保项目顺利实施。

（二）预防为主原则

预防为主原则要求事先对影响施工安全的各种因素加以控制，而不是消极被动地等出现安全问题再进行处理。重点做好施工的事先控制，以预防为主，加强施工前和施工过程中的安全检查和控制，十分必要。

（三）系统控制原则

系统控制原则就是实现安全控制、进度控制、质量控制、投资控制四大目标控制的统一。安全控制是与进度控制、质量控制、投资控制同时进行的，它是针对整个建设工程目标系统所实施的控制活动的一个组成部分，在实施安全控制的同时需要满足预定的进度控制、质量控制、投资控制目标。因此，在安全控制的过程中，施工企业要协调好与进度控制、质量控制、投资控制的关系，做好四大目标的有机配合和相互平衡，而不能片面强调安全控制。

（四）持续改进原则

持续改进原则要求通过对以往安全事故的总结分析，不断完善管理制度和操作规程，提高安全控制水平。每一次事故的发生都是一次吸取教训的机会，企业有必要通过深入剖析事故原因，找出管理漏洞和技术缺陷，并采取有针对性的改进措施，如：完善安全检查制度，增加检查频次和覆盖面；优化施工流程，减少危险作业环节。持续改进的过程是动态循环的，企业需要不断地学习、实践、反思和调整，以适应不断变化的施工环境。

（五）以人为本原则

以人为本原则应贯穿整个安全控制过程，注重保护每一位施工人员的生命健康权益，营造和谐的工作环境，激发员工的积极性和创造性，为项目建设提供坚实的人力支持。以人为本原则要求施工企业在实际施工中，认真听取员工的意见和建议，鼓励他们积极参与安全控制；关注员工的身体健康和心理状态，提供必要的职业健康服务和支持，如定期体检、心理健康辅导等；通过建立良好的人际关系和团队协作精神，增强员工的归属感和责任感，形成强大的凝聚力，共同推动项目顺利实施。

二、安全生产法规体系

（一）基本概念

1.安全生产法规的概念

安全生产法规是指调整在生产过程中产生的同劳动者或生产人员的安全与健康以及生产资料和社会财富安全保障有关的各种社会关系的法律规范的总和。

这里所说的安全生产法规是指有关安全生产的法律、条例、规章、规定等各种规范性文件的总称。它可以表现为享有国家立法权的机关制定的法律，也可以表现为国务院及其所属的部、委员会发布的行政法规、决定、规章、规定、办法以及地方政府发布的地方性法规等。

2.安全生产法律体系的概念

法律体系通常指一个国家全部现行法律规范按照不同的法律部门分类组合而形成的有机联系的统一整体。安全生产法律体系是指我国全部现行的、不同的安全生产法律规范形成的有机联系的统一整体。

（二）安全生产法律体系框架

安全生产法律体系是一个包含多种法律形式和法律层次的综合性系统，从法律规范的形式和特点来讲，既包括作为整个安全生产法律法规基础的宪法，也包括行政法律规范、技术性法律规范、程序性法律规范。

我国的安全生产法律体系包括宪法、安全生产法律、安全生产行政法规、安全生产地方性法规和安全生产规章。

1.《中华人民共和国宪法》

《中华人民共和国宪法》是我国安全生产法律体系框架的最高层级，其关于"加强劳动保护，改善劳动条件"的规定是我国安全生产方面具有最高法律效力的规定。

2.安全生产法律

我国的安全生产法律包括《中华人民共和国安全生产法》及与其平行的专门法和相关法。

（1）基础法

《中华人民共和国安全生产法》是安全生产的基础法，是综合规范安全生产法律制度的法律，它适用于所有生产经营单位，是我国安全生产法律体系的核心。

（2）专门法

专门安全生产法律是规范某专业领域安全生产法律制度的法律。我国在专业领域的法律有《中华人民共和国消防法》等。

（3）相关法

与安全生产有关的法律是专门安全生产法律以外的其他法律中涵盖安全生产内容及与安全生产监督执法工作有关的法律，如《中华人民共和国标准化法》《中华人民共和国劳动法》《中华人民共和国职业病防治法》《中华人民共和国建筑法》等。

3.安全生产行政法规

安全生产行政法规是由最高国家行政机关——国务院根据宪法和法律制定并批准发布的，是为实施安全生产法律或规范安全生产监督管理制度而制定并颁布的一系列具体规定，是安全生产和监督管理的重要依据。我国已颁布了多部安全生产行政法规，如《建设工程安全生产管理条例》《安全生产许可证条例》《生产安全事故报告和调查处理条例》等。

4.安全生产地方性法规

安全生产地方性法规是指由地方人民代表大会及其常务委员会和地方人民政府依照法定职权和程序制定和颁布的、施行于本行政区域的安全生产规范性文件；是对国家安全生产法律法规的补充和完善。安全生产地方性法规以解决本地区的安全生产问题为目标，具有较强的针对性和可操作性。例如，浙江省按照本省的安全生产特点出台了《浙江省安全生产条例》等。

5.安全生产规章

根据《中华人民共和国立法法》的规定，国务院各部、委员会、中国人民银行、审计署和具有行政管理职能的直属机构以及法律规定的机构，可以根据法律和国务院的行政法规、决定、命令，在本部门的权限范围内，制定规章。省、自治区、直辖市和设区的市、自治州的人民政府，可以根据法律、行政法规和本省、自治区、直辖市的地方性法规，制定规章。

安全生产规章分为部门规章和地方政府规章。

（三）安全生产法律的划分

安全生产法律的分类有不同标准，按照不同标准划分的安全生产法律的类别不同。

1.从法的不同层级上可分为上位法和下位法

上位法是指法律地位、法律效力高于其他相关法的法律。下位法相对于上位法而言，是指法律地位、法律效力低于相关上位法的法律。不同的安全生产立法对同一类或者同一个安全生产行为做出不同法律规定的，以上位法的规定为准，适用上位法的规定；上位法没有规定的，可以适用下位法。下位法的数量一般多于上位法。

法的层级不同，其法律地位和法律效力也不同。安全生产法律的法律地位和法律效力高于安全生产行政法规、地方性法规、规章；安全生产行政法规的法律地位和法律效力低于安全生产法律，但高于安全生产地方性法规、安全生产规章；安全生产地方性法规的法律地位和法律效力低于安全生产法律、行政法规，但高于本级和下级地方政府制定的安全生产规章；部门安全生产规章的法律效力低于安全生产法律、行政法规，部门规章之间、部门规章与地方政府规章之间具有同等效力，在各自的权限范围内施行。

2.从同一层级法的效力上可分为普通法与特殊法

我国的安全生产法律在同一层级的安全生产立法中可分为普通法与特殊法，两者调整对象和适用范围各有侧重，相辅相成、缺一不可。普通法是适用于安全生产领域中普遍存在的基本问题、共性问题的法律规范，如《中华人民共和国安全生产法》是安全生产领域的普通法。特殊法是适用于某些安全生产领域独立存在的特殊性、专业性问题的法律规范，比普通法更专业、更具体、更有可操作性，如《中华人民共和国消防法》《中华人民共和国道路交通安全法》等。

3.从法的内容上可分为综合性法和单行法

安全生产法律的内容十分丰富。综合性法不受法律规范层级的限制，适用于安全生产的主要领域或者某一领域的主要方面。单行法的内容只涉及某一领域或者某一方面的安全生产问题。在一定条件下，综合性法与单行法的区分是相对的、可分的。《中华人民共和国安全生产法》属于安全生产领域的综合性法，其内容涵盖了安全生产领域的主要方面和基本问题。与其相对的，《中华人民共和国矿山安全法》是单独适用于矿山开采安全生产的单行法。但就矿山开采安全生产的整体而言，《中华人民共和国矿山安全法》又是综合性法，各个矿种开采安全生产的立法则是单行法。

第二节 水利工程安全生产检查
与安全文化建设

一、安全生产检查

安全生产检查是水利工程安全控制的重要内容，其工作重点是有效辨识施工中存在的安全问题，检查生产现场安全防护设施、作业环境是否存在不安全状态，现场作业人员的行为是否符合安全规范，以及设备、系统运行状况是否符合现场规程的要求等。水利工程施工企业通过安全生产检查，可不断弥补管理漏洞，改善劳动作业环境，规范作业人员行为，保证设备系统安全与可靠运行，最终实现安全生产的目的。

（一）安全生产检查的类型

1.安全生产定期检查

定期检查一般是由水利工程施工企业统一组织实施的，通过有计划、有组织、有目的的形式来实现的。检查周期的确定应根据企业的规模、性质以及地区气候、地理环境等确定。定期检查具有组织规模大、检查范围广、有深度、能及时发现并解决问题等特点，可与重大危险源评估、现状安全评价等工作结合开展。

2.安全生产经常性检查

经常性检查是由水利施工企业的安全生产管理部门组织进行的日常检查，包括交接班检查、班中检查、特殊检查等几种形式。经常性检查一般应制定检查路线、检查项目、检查标准，并设置专用的检查记录本。

3.季节性及节假日前后的安全生产检查

季节性及节假日前后的安全生产检查的内容和范围根据季节变化。检查内容主要包括冬季防冻保温、防火、防煤气中毒，夏季防暑降温、防汛、防雷电等检查。近几年，国家对重要的节假日和社会影响较大的重要会议、重要活动等均会提出明确的检查要求，水利工程施工企业应当特别重视。

4.安全生产专业（项）检查

安全生产专业（项）检查是对某个专业（项）问题或在施工中存在的普遍性安全问题进行的单项定性或定量检查，内容包括对危险性较大的在用设备、设施，作业场所环境条件的管理性或监督性定量检测检验等。专业（项）检查具有较强的针对性和较高的专业要求，有时需要专业机构或专家的参与，主要用于检查难度较大的项目。

5.综合性安全生产检查

综合性安全生产检查一般是由上级主管部门或地方政府负有安全生产监督管理职责的部门组织的对施工企业或施工项目开展的安全检查，其检查方式、内容由检查组织部门根据检查目的具体确定。

6.职工代表不定期对安全生产的巡查

职工代表不定期对安全生产的巡查重点检查国家安全生产方针、法规的贯彻执行情况，规章制度的落实情况，从业人员安全生产权利的保障情况，生产现场的安全状况等。

（二）安全生产检查内容

安全生产检查包括检查软件系统和硬件系统两部分。软件系统主要是查思想、查意识、查制度、查管理、查事故处理、查隐患、查整改。硬件系统主要是查生产设备、查辅助设施、查安全设施、查作业环境。

安全生产检查对象的确定应本着突出重点的原则进行。对于危险性大、易发事故、事故危害大的生产系统、部位、装置、设备等应加强检查。一般应重点检查以下内容：

（1）易造成重大损失的易燃易爆危险物品、剧毒品、锅炉、压力容器、起重设备、运输设备、冶炼设备、电气设备、冲压机械，以及高处作业和易发生工伤、火灾、爆炸等事故的设备、工种、场所及其作业人员。

（2）易造成职业中毒或职业病的尘毒产生点及岗位作业人员。

（3）直接管理的重要危险点和有害点的部门及其负责人。

水利工程施工企业安全生产检查应当包括以下内容：

（1）检查企业安全生产责任制的建立及落实情况。

（2）检查项目经理部是否定期组织内部安全检查、召开内部安全工作会议。

（3）检查企业内部安全检查的记录是否齐全、有效。

（4）检查企业安全文明施工责任区域管理情况，包括施工区域封闭管理情况，施工区域标志情况（责任人、危险源、控制措施），施工区域电源箱按行业安全标准配置情况，施工区域安全标志牌挂设情况，施工区域存在事故隐患、违章违规、安全设施不完善情况，施工区域防护设施齐全有效情况，施工区域文明施工情况等。

（5）检查企业各种使用中和库存的工器具是否经过检验并标识。

（6）检查企业各种使用中的中小型机械是否定期进行了检查，对发现的问题是否进行了整改，记录是否齐全。

（7）检查施工区域作业人员是否按规程要求正确施工，是否按要求正确使用个人安全防护品。

（8）随机抽查施工人员是否进行入场教育。

（9）检查项目部在施工前是否编制了安全技术措施。

（10）检查作业前是否进行全员交底。

（11）检查企业所属作业人员对作业内容是否了解，是否知道有哪些危险源和如何进行预防。

（12）检查施工作业是否按交底内容和安全技术措施的要求进行。

（13）检查各类废弃物是否分类，处理是否符合当地法规要求，污水处理是否符合当地法规要求，是否制定并执行防污染措施。

（三）常用安全生产检查方法

1.常规检查法

常规检查法是由安全检查人员作为检查工作的主体，到作业场所现场，通过观察或辅助一定的简单工具、仪表等，对施工人员的行为、作业场所的环境条件、设备设施等进行的定性检查方法。安全检查人员通过这一方法，可以及时发现现场存在的安全隐患并采取措施予以消除，纠正施工人员的不安全行为。常规检查法主要依靠安全检查人员的经验和能力，检查的结果直接受安全检查人员个人素质的影响。

2.安全检查表法

为使安全检查工作更加规范，将个人的行为对检查结果的影响减少到最小，可采用安全检查表法。安全检查表一般由水利施工企业安全生产管理部门制定，提交企业安全生产领导小组讨论确定。安全检查表一般包括检查项目、检查内容、检查标准、检查结果及评价等内容。

安全检查表应符合国家有关法律法规，以及水利工程施工企业现行的有关标准、规程、管理制度的要求，还应结合企业安全文化、反事故技术措施、安全措施计划，以及当地的地理、气候特点等。

此外，随着科技进步，水利工程施工企业的安全生产检查方法也在不断改进，有些企业投入了在线监测设施，对施工项目进行在线监视和系统记录。

对于无法进行在线监测的机器、设备、系统，水利工程施工企业可借助仪器检查法来进行定量化的检验与测量。

（四）安全生产检查工作程序

1.安全检查准备

（1）确定检查对象、目的、任务。

（2）查阅、掌握有关法规、标准、规程的要求。

（3）了解检查对象的工艺流程、生产情况、可能出现的危险和危害的情况。

（4）制订检查计划，安排检查内容、方法、步骤。

（5）编写安全检查表或检查提纲。

（6）准备必要的检测工具、仪器、书写表格或记录本。

（7）挑选和训练检查人员并进行必要的分工等。

2.安全检查实施

安全检查实施就是通过访谈、文件和记录查阅、现场观察、仪器测量的方式获取信息。

（1）访谈：通过与有关人员谈话来检查安全意识和规章制度执行情况等。

（2）文件和记录查阅：检查设计文件作业规程、安全措施、责任制度等是否齐全有效；查阅相应记录，判断上述文件是否被执行。

（3）现场观察：对作业现场的生产设备、安全防护设施、作业环境、人员操作等进行观察，寻找事故隐患、事故征兆等。

（4）仪器测量：利用一定的检测检验仪器，对在用的设施、设备、器材状况及作业环境条件等进行测量，以发现隐患。

3.综合分析后提出检查结论和意见

经现场检查和数据分析后，检查人员应对检查情况进行综合分析，提出检查结论和意见。对于水利工程施工企业自行组织的各类安全检查，企业安全控制部门应会同有关部门对检查结果进行综合分析。对于上级主管部门或地方政府负有安全生产监督管理职责的部门组织的安全检查，检查组应经过统一研究得出检查结论和意见。

4.整改落实与反馈

针对检查发现的问题，水利工程施工企业应根据问题性质的不同，提出立即整改、限期整改等措施要求，制订整改措施计划并积极落实整改。对于水利工程施工企业自行组织的安全检查，企业安全控制部门应会同有关部门共同制订整改措施计划并组织实施。对于上级主管部门或地方政府负有安全生产监督管理职责的部门组织的安全检查，检查组应提出书面的整改要求，由水利工程施工企业制订整改措施计划。

对于水利工程施工企业自行组织的安全检查，在整改措施计划完成后，企业安全控制部门应组织有关人员进行验收。对于上级主管部门或地方政府负有安全生产监督管理职责的部门组织的安全检查，水利工程施工企业在整改措施计划完成后，应及时上报整改完成情况，申请复查或验收。对于安全检查中经常发现的问题，水利工程施工企业应从规章制度的完善、从业人员的安全教育培训、设备系统的更新改造、现场检查和监督等环节入手，做到持续改进，不断提高安全控制水平，防范安全生产事故的发生。

二、安全文化建设

（一）安全文化的概念和内容

安全文化是企业在长期安全生产和经营活动中逐步形成的，或有意识塑造的，为全体员工所接受、遵循的具有企业特色的安全价值观、安全思想和意识、安全作风和态度、安全生产和奋斗目标，以及为保护员工身心安全与健康而创造的安全、舒适的生产和生活环境和条件，是企业安全物质因素和安全精神因素的总和。

安全文化的内容十分丰富，主要包括以下几个层次：

第一层次的安全文化是处于表层的安全行为文化和安全物质文化，如企业的安全文明生产环境与秩序。

第二层次的安全文化是处于中间层的安全制度文化，包括企业内部的组织机构、管理网络、部门分工和安全生产法规与制度等。

第三层次的安全文化是处于深层的安全观念文化。

必须注意的是，企业安全文化的形成与企业文化、企业主要负责人的思维方式和行为方式密切相关。

（二）安全文化的基本特征和主要功能

1.基本特征

良好的安全文化是指企业的安全生产观念、安全生产行为等都能够得到良好的体现，整个企业的安全文化氛围和谐良好，其具有以下几个基本特征：

（1）企业安全文化与企业文化目标是基本一致的，企业遵循"以人为本"的基本理念，注重人性化管理。企业安全文化能够在潜移默化中改变员工的思维和行为。

（2）强调企业的安全形象、安全奋斗目标、安全激励精神、安全价值观等，能使员工产生强烈的责任感。

（3）企业的决策层、领导层、执行层等要具有先进的安全生产观念文化、安全生产行为文化等。企业下属的部门要具有良好的安全生产观念文化、安全生产行为文化及安全生产物态文化等。

2.主要功能

（1）导向功能。企业安全文化所提出的价值观为企业的安全控制决策活动提供了为企业大多数员工所认同的价值取向，可以被员工内化为个人的价值观，使员工将企业目标"内化"为自己的行为目标，使员工的目标、价值观、理想与企业的目标、价值观、理想具有一致性。

（2）凝聚功能。企业员工将企业安全文化所提出的价值观内化为自己的价值观和具体目标后会产生一种积极而强大的群体意识，这种群体意识会将每个员工紧密地联系在一起，形成强大的凝聚力和向心力。

（3）激励功能。企业安全文化所提出的价值观向员工展示了工作的意义，员工在理解工作的意义后，会产生更大的工作动力，这一点已为大量的心理学研究所证实。一方面，企业的宏观理想和目标激励员工奋发向上；另一方面，企业安全文化也为员工指明了成功的标准，使其有了具体的奋斗目标。

（4）辐射和同化功能。企业安全文化一旦在一定的群体中形成，便会对周围群体产生影响，迅速向周边辐射。企业安全文化还会保持一个企业稳定的、独特的风格和活力，同化一批又一批新来者，使他们接受这种文化并继续保持与传播。

（三）安全文化建设规划

水利工程施工企业应当制定安全文化建设规划。企业安全文化建设规划主要包括企业安全文化建设现状、建设目标、具体实施措施和保障措施、评估与总结等内容。

1.建设现状

水利工程施工企业应通过现场环境布置调研、资料查阅、行为观察、问卷调查、职工沟通等方式对安全文化建设现状进行分析，找出企业当前安全文化建设存在的问题，提出解决办法。

2.建设目标

水利工程施工企业应在安全文化建设现状分析的基础上，结合企业实际情况及未来的战略规划，制定安全文化建设总体目标，明确不同阶段具体的工作任务与工作目标。

3.具体实施措施和保障措施

水利工程施工企业应根据安全文化建设目标，有针对性地提出具体的实施措施及保障（包括组织保障、制度保障、人员保障、经费保障、宣传保障等）措施。

4.评估与总结

水利工程施工企业应对安全文化建设情况进行深入解析和全面评估，总结安全文化建设的先进经验，提出可进一步提升的方面，实现安全文化建设的持续改进。

（四）安全文化建设评价

进行安全文化建设评价的目的是了解企业安全文化建设现状或企业安全文化建设效果，采用系统化测评行为，得出定性或定量的分析结论。

1.评价指标

评价指标主要包括以下几个方面：

（1）基础特征

企业状态特征：反映企业自身的成长、发展、经营、市场状态，主要从企业历史、企业规模、市场地位、盈利状况等方面进行评价。

企业文化特征：是企业文化层面的突出特征，主要反映企业文化的开放程度、员工凝聚力的强弱、学习型组织的构建情况、员工执行力状况等。

企业形象特征：反映员工、社会公众对企业整体形象的认识和评价情况。

企业员工特征：反映员工的整体状况，总体教育水平、工作经验和操作技能、道德水平等。

企业技术特征：反映企业在工程技术方面的使用、改造情况，如技术设备的先进程度、技术改造状况、工艺流程的先进性情况。

监管环境：反映企业所在地政府安全监管监察部门及相关部门的职能履行情况，包括监管人员的业务素质、监管力度及法律法规的公布和执行情况。

经营环境：反映企业所在地的经济发展、市场经营状况等的商业环境，如人力资源供给程度、信息交流情况、地区整体经济实力等。

文化环境：反映企业所在地域的社会文化环境，主要包括民族传统、地域文化特征等。

（2）安全承诺

安全承诺内容：综合考量承诺内容的涉及范围，表述理念的先进性、时代性，与企业实际的契合程度。

安全承诺表述：企业安全承诺在表述上应完整准确，具有较强的普适性、独特性和感召力。

安全承诺传播：企业的安全承诺需要在内部及外部进行全面、及时、有效的传播，涉及不同的传播方式，选择适当的传播频率，达到良好的认知效果。

安全承诺认同：反映企业内部对企业安全承诺的共鸣程度，主要包括安全承诺能否得到全体员工特别是基层员工的深刻理解和广泛认同，企业领导能否做到身体力行、率先垂范，全体员工能否切实把承诺内容应用于安全管理和安全生产的实践当中。

（3）安全环境

安全指引：企业应综合运用各种途径和方法，有效引导员工安全生产。该指标主要从安全标识运用、安全操作指示、安全绩效引导、应激调适机制等方面进行评估。

安全防护：企业应依据生产作业环境特点，做好安全防护工作，安装有效的防护设施和设备，提供充足的个体防护用品。

环境感受：环境感受是员工对一般作业环境和特殊作业环境的综合感观和评价，是对作业环境的安全保障效果的主观性评估。该指标主要从作业现场的清洁、安全、人性化等方面，考察员工的安全感、舒适感和满意度。

（4）安全培训与学习

重要性体现：企业各级人员对安全培训工作重要性的认识程度，直接体现在培训资源投入力度、培训工作的优先保证程度及企业用人制度等方面。

充分性体现：企业应向员工提供充足的培训机会，根据实际需要和长远目标规范培训内容，科学设置培训课时，竭力开发、运用员工喜闻乐见的有效培训方式。

有效性体现：科学判断企业安全培训的实施效果。该指标主要从员工安全态度的端正程度、安全技能的提升幅度、安全行为和安全绩效的改善程度等方面进行评估。

（5）安全信息传播

信息资源：根据安全文化传播需要，企业应分别建立和完善安全管理信息库、安全技术信息库、安全事故信息库和安全知识信息库等各种安全信息库，储备大量的安全信息资源。

信息系统：企业应围绕安全信息传播工作，设置专职操作机构，建立完备的管理机制，搭建稳定的信息传播与管理平台，创造完善的信息传播载体。

效能体现：根据员工获取和交流企业安全信息的便捷程度，企业安全信息传播的有效到达率、知晓率和开放程度，综合衡量企业安全信息传播的实际效果。

（6）安全行为激励

激励机制：围绕安全发展这一激励目标，企业应建立一套理性化的管理制度以规范安全激励工作，实现安全激励制度化，保证安全绩效的优先权。

激励方式：企业应根据自身实际，兼顾精神和物质两个层面，采取最可靠、最有效的安全激励方式。

激励效果：员工对企业安全激励机制、激励方式的响应，体现为绩效改善与行为改善的正负效应。

（7）安全事务参与

安全会议与活动：企业应根据实际需要，定期举办以安全为主题的各种会议和活动，鼓励并邀请相关员工积极参与。

安全报告：企业应建立渠道通畅的各级安全报告制度，确保报告反馈及时、高效，注重各种信息的公开、共享。

安全建议：企业应建立科学有效的安全建议制度，疏通各种安全建议渠道，以及时反馈、择优采纳等实际行动鼓励员工积极参与安全建议。

沟通交流：在企业内部和外部创造良好的安全信息沟通氛围，实现企业各层级员工有效的纵向沟通和横向交流，同时及时与企业不同层面的合作伙伴互通安全信息。

（8）决策层行为

公开承诺：企业决策层应适时公布企业相关安全承诺与政策，参与安全责任体系的构建，作出重大安全决策。

责任履行：在企业人事政策、安全投入、员工培训等方面，企业决策层应充分履行自己的安全职责，确保安全在各工作环节的重要地位。

自我完善：企业决策层应接受安全培训，加强与外部的安全信息交流，全面提高自身的安全素质，做好遵章守制、安全生产的表率。

（9）管理层行为

责任履行：企业管理层应明确所担负的建立并完善制度、加强监督管理、提高安全绩效等重要安全责任，并严格履行职责。

指导下属：企业管理层应对员工进行资格审定，有效组织安全培训和现场指导。

自我完善：企业管理层应注重安全知识和技能的更新，积极完善自我，加强沟通交流。

（10）员工层行为

安全态度：主要从安全责任意识、安全法律意识和安全行为意向等方面，判断员工对安全的态度。

知识技能：除熟练掌握岗位安全技能外，员工还应具备充分的辨识风险、应急处置等能力。

行为习惯：员工应养成良好的安全行为习惯，积极交流安全信息，主动参与各种安全培训和活动，严格遵守规章制度。

团队合作：在安全生产过程中，同事之间要增进了解，彼此信任，加强互助合作，共同促进团队安全绩效的提升。

2.减分指标

减分指标主要包括以下几个方面：

死亡事故：在进行安全评价的前一年内，若发生死亡事故，则视情况（事故性质、伤亡人数）扣减安全文化评价得分。

重伤事故：在进行安全评价的前一年内，若发生重伤事故，则视情况扣减安全文化评价得分。

违章记录：在进行安全评价的前一年内，根据企业的"违章指挥、违章操作、违反劳动纪律"记录情况，视程度扣减安全文化评价得分。

3.评价程序

（1）建立评价组织机构与评价实施机构

企业在开展安全文化评价工作时，应首先成立评价组织机构，并由其确定评价工作的实施机构。企业在实施评价时，由评价组织机构负责确定评价工作人员并成立评价工作组，必要时可选聘有关咨询专家或咨询专家组。咨询专家（组）的工作任务和工作要求由评价组织机构明确。

评价工作人员应具备以下基本条件：熟悉企业安全文化评价相关业务，有较强的综合分析判断能力与沟通能力，具有较丰富的企业安全文化建设与实施专业知识，坚持原则、秉公办事。评价项目负责人应有丰富的企业安全文化建设经验，熟悉评价指标及评价模型。

（2）制订评价工作实施方案

评价实施机构应制订评价工作实施方案。方案中应包括所用评价方法、评价样本、访谈提纲、测评问卷、实施计划等内容，并应报送评价组织机构批准。

（3）下达评价通知书

在实施评价前，评价组织机构向选定的样本单位下达评价通知书。评价通知书中应当明确：评价的目的、用途、要求，应提供的资料及对所提供资料应负的责任，以及其他需要在评价通知书中明确的事项。

（4）调研、收集与核实基础资料

企业应设计评价的调研问卷，根据评价工作实施方案收集整理评价基础资料。资料收集可以采取访谈、问卷调查、召开座谈会、专家现场观测、查阅有关资料和档案等形式进行。评价人员要对评价基础数据和基础资料进行认真检查、整理，确保评价基础资料的系统性和完整性。评价工作人员应对接触的资料内容保密。

（5）数据统计分析

对调研结果和基础数据核实无误后，评价工作组可借助相关统计软件进行数据统计，然后根据实际选用的调研分析方法，对统计数据进行分析。

（6）撰写评价报告并反馈意见

在统计分析完成后，评价工作组应该按照规范的格式，撰写企业安全文化建设评价报告，报告评价结果。在评价报告完成后，评价工作组应向企业征求意见并作必要修改。

（7）提交评价报告

评价报告在修改完成，经评价项目负责人签字后，报送评价组织机构审核确认。

（8）进行评价工作总结

在评价项目完成后，评价工作组要进行评价工作总结，将工作背景、实施过程、存在的问题和建议等进行记录并形成书面报告，报送评价组织机构，同时建立好评价工作档案。

第三节　水利工程施工现场事故及其处置

一、事故

（一）事故分级规定

《生产安全事故报告和调查处理条例》第三条规定：

根据生产安全事故（以下简称事故）造成的人员伤亡或者直接经济损失，事故一般分为以下等级：

（一）特别重大事故，是指造成 30 人以上死亡，或者 100 人以上重伤（包括急性工业中毒，下同），或者 1 亿元以上直接经济损失的事故；

（二）重大事故，是指造成 10 人以上 30 人以下死亡，或者 50 人以上 100 人以下重伤，或者 5 000 万元以上 1 亿元以下直接经济损失的事故；

（三）较大事故，是指造成 3 人以上 10 人以下死亡，或者 10 人以上 50 人以下重伤，或者 1 000 万元以上 5 000 万元以下直接经济损失的事故；

（四）一般事故，是指造成 3 人以下死亡，或者 10 人以下重伤，或者 1 000 万元以下直接经济损失的事故。

本条第一款所称的"以上"包括本数，所称的"以下"不包括本数。

（二）事故分类

1.高处坠落事故

在高度基准面 2 m 以上的作业，称为高处作业。高处作业时发生的坠落称为高处坠落。高处作业的范围是相当广泛的，比如：在建筑物或构筑物结构范围以内的各种形式的洞口与临时性质的作业，悬空与攀登作业，操作平台与立体交叉作业，在主体结构以外的场地上和通道旁的各类洞、坑、沟、槽等的作业，脚手架、井字架、施工用电梯、模板的安装和拆除作业等，都易发生高处坠落。

2.物体打击事故

在施工过程中，施工现场经常会有很多物体从上面落下来，打到下面或旁边的作业人员，这就是物体打击事故。凡在施工现场作业的人，都有受到打击的可能，特别是在一个垂直面的上下交叉作业，最易发生打击事故。

3.触电事故

电是施工现场中各种作业的主要动力来源，各种机械、工具等主要依靠电来驱动。触电事故主要是由设备、机械、工具等漏电，电线老化破皮或违章使用电气用具，以及在施工现场周围盲目搭接不明外来电路等造成的。

4.机械伤害事故

施工现场使用的机械主要包括木工机械、钢筋加工机械等。各种机械在使用中因缺少防护和保险装置，易对操作者造成伤害。

5.坍塌事故

土方开挖或深基础施工中出现的土石方坍塌，拆除工程、在建工程及临时设施等的部分或整体坍塌，都会造成坍塌事故。

6.火灾或爆炸事故

在施工现场乱扔烟头，焊接与切割动火及用火、用电不当，使用易燃易爆材料不慎等都容易造成火灾或爆炸事故。

7.淹溺事故

淹溺事故是指大量水经口、鼻进入肺内，造成呼吸道阻塞，使人发生急性缺氧而窒息死亡的事故，包括船舶、排筏、设施在航行、停泊、作业时发生的落水事故。设施是指水上、水下各种浮动或固定的建筑、装置、管道、电缆和固定平台。作业是指在水域及其岸线进行装卸、勘探、开采、测量、建筑、疏浚、爆破、打捞、救助、养殖、潜水、流放木材、排除故障以及科学实验和其他水上、水下作业。

（三）事故报告

1.事故报告的时限及流程

《生产安全事故报告和调查处理条例》第九条规定：

事故发生后，事故现场有关人员应当立即向本单位负责人报告；单位负责人接到报告后，应当于 1 小时内向事故发生地县级以上人民政府安全生产监督管理部门和负有安全生产监督管理职责的有关部门报告。

情况紧急时，事故现场有关人员可以直接向事故发生地县级以上人民政府安全生产监督管理部门和负有安全生产监督管理职责的有关部门报告。

《生产安全事故报告和调查处理条例》第十三条规定：

事故报告后出现新情况的，应当及时补报。自事故发生之日起 30 日内，事故造成的伤亡人数发生变化的，应当及时补报。道路交通事故、火灾事故自发生之日起 7 日内，事故造成的伤亡人数发生变化的，应当及时补报。

《生产安全事故报告和调查处理条例》第十条规定：

安全生产监督管理部门和负有安全生产监督管理职责的有关部门接到事故报告后，应当依照下列规定上报事故情况，并通知公安机关、劳动保障行政部门、工会和人民检察院：

（一）特别重大事故、重大事故逐级上报至国务院安全生产监督管理部门和负有安全生产监督管理职责的有关部门；

（二）较大事故逐级上报至省、自治区、直辖市人民政府安全生产监督管理部门和负有安全生产监督管理职责的有关部门；

（三）一般事故上报至设区的市级人民政府安全生产监督管理部门和负有安全生产监督管理职责的有关部门。

安全生产监督管理部门和负有安全生产监督管理职责的有关部门依照前款规定上报事故情况，应当同时报告本级人民政府。国务院安全生产监督管理部门和负有安全生产监督管理职责的有关部门以及省级人民政府接到发生特别重大事故、重大事故的报告后，应当立即报告国务院。

必要时，安全生产监督管理部门和负有安全生产监督管理职责的有关部门可以越级上报事故情况。

2.事故报告内容

《生产安全事故报告和调查处理条例》第十二条规定：

报告事故应当包括下列内容：

（一）事故发生单位概况；

（二）事故发生的时间、地点以及事故现场情况；

（三）事故的简要经过；

（四）事故已经造成或者可能造成的伤亡人数（包括下落不明的人数）和初步估计的直接经济损失

（五）已经采取的措施；

（六）其他应当报告的情况。

事故报告应当遵照完整性的原则，尽量能够全面地反映事故情况。

事故发生单位概况应当包括单位的全称、所处地理位置、所有制形式和隶属关系、生产经营范围和规模、持有各类证照的情况、单位负责人的基本情况以及近期的生产经营状况等。

报告事故发生的时间应当具体，并尽量精确到分钟。报告事故发生的地点要准确，除事故发生的中心地点外，还应当报告事故所波及的区域。报告事故现场情况包括报告事故现场总体情况、事故发生前的现场情况等。

事故的简要经过是指对事故全过程的简要叙述。描述要前后衔接、脉络清晰、因果相连。

对伤亡人数的报告，应当遵守实事求是的原则，不做无根据的猜测，更不能隐瞒实际伤亡人数。直接经济损失，主要指事故所导致的建筑物的毁损、生产设备设施和仪器仪表的损坏等经济损失。由于伤亡人数和直接经济损失直接影响事故等级的划分，并决定了事故的调查处理等后续重大问题，在报告这方面情况时应当谨慎细致，力求准确。

已经采取的措施主要是指事故现场有关人员、事故单位负责人、已经接到事故报告的安全生产监督管理部门为减少损失、防止事故扩大和便于事故调查所采取的应急救援和现场保护等具体措施。

（四）事故调查与处理

1.事故调查

事故调查应当坚持实事求是、尊重科学的原则，及时、准确地查清事故经过、事故原因和事故损失，查明事故性质，认定事故责任，总结事故教训，提出整改措施，并对事故责任者依法追究责任。

《生产安全事故报告和调查处理条例》第十九条规定：

特别重大事故由国务院或者国务院授权有关部门组织事故调查组进行调查。

重大事故、较大事故、一般事故分别由事故发生地省级人民政府、设区的市级人民政府、县级人民政府负责调查。省级人民政府、设区的市级人民政府、县级人民政府可以直接组织事故调查组进行调查，也可以授权或者委托有关部门组织事故调查组进行调查。

未造成人员伤亡的一般事故，县级人民政府也可以委托事故发生单位组织事故调查组进行调查。

2.事故处理

《生产安全事故报告和调查处理条例》第三十三条规定：

事故发生单位应当认真吸取事故教训，落实防范和整改措施，防止事故再次发生。防范和整改措施的落实情况应当接受工会和职工的监督。

安全生产监督管理部门和负有安全生产监督管理职责的有关部门应当对事故发生单位落实防范和整改措施的情况进行监督检查。

事故发生单位负责人接到事故报告后，应当立即启动事故相应的应急预案，或者采取有效措施，组织抢救，防止事故扩大，减少人员伤亡和财产损失。有关单位和人员应当妥善保护事故现场以及相关证据，任何单位和个人不得破坏事故现场、毁灭相关证据。因抢救人员、防止事故扩大以及疏通交通等原因，需要移动事故现场物件的，应当做好标记，绘制现场简图，并做出书面记录，妥善保存现场重要痕迹、物证。

事故处理遵循"四不放过"原则：事故原因未查明不放过、责任人未处理不放过、整改措施未落实不放过、有关人员未受到教育不放过。

《中华人民共和国安全生产法》第九十五条规定：

生产经营单位的主要负责人未履行本法规定的安全生产管理职责，导致发生生产安全事故的，由应急管理部门依照下列规定处以罚款：

（一）发生一般事故的，处上一年年收入百分之四十的罚款；

（二）发生较大事故的，处上一年年收入百分之六十的罚款；

（三）发生重大事故的，处上一年年收入百分之八十的罚款；

（四）发生特别重大事故的，处上一年年收入百分之一百的罚款。

《中华人民共和国安全生产法》第九十七条规定：

生产经营单位有下列行为之一的，责令限期改正，处十万元以下的罚款；逾期未改正的，责令停产停业整顿，并处十万元以上二十万元以下的罚款，对其直接负责的主管人员和其他直接责任人员处二万元以上五万元以下的罚款：

（一）未按照规定设置安全生产管理机构或者配备安全生产管理人员、注册安全工程师的；

（二）危险物品的生产、经营、储存、装卸单位以及矿山、金属冶炼、建筑施工、运输单位的主要负责人和安全生产管理人员未按照规定经考核合格的；

（三）未按照规定对从业人员、被派遣劳动者、实习学生进行安全生产教育和培训，或者未按照规定如实告知有关的安全生产事项的；

（四）未如实记录安全生产教育和培训情况的；

（五）未将事故隐患排查治理情况如实记录或者未向从业人员通报的；

（六）未按照规定制定生产安全事故应急救援预案或者未定期组织演练的；

（七）特种作业人员未按照规定经专门的安全作业培训并取得相应资格，上岗作业的。

《中华人民共和国安全生产法》第一百一十四条规定：

发生生产安全事故，对负有责任的生产经营单位除要求其依法承担相应的赔偿等责任外，由应急管理部门依照下列规定处以罚款：

（一）发生一般事故的，处三十万元以上一百万元以下的罚款；

（二）发生较大事故的，处一百万元以上二百万元以下的罚款；

（三）发生重大事故的，处二百万元以上一千万元以下的罚款；

（四）发生特别重大事故的，处一千万元以上二千万元以下的罚款。

发生生产安全事故，情节特别严重、影响特别恶劣的，应急管理部门可以按照前款罚款数额的二倍以上五倍以下对负有责任的生产经营单位处以罚款。

（五）事故统计分析

1.事故统计分析的目的

事故统计分析的目的是通过合理地收集事故相关的资料、数据，并应用科学的统计方法，对大量重复显现的数字特征进行整理、加工、分析和推断，找出事故发生的规律和原因。对水利工程施工安全事故进行统计分析，是掌握水利工程施工安全事故发生的规律性趋势和各种内在联系的有效方法，既对加强水利工程施工安全控制工作具有很好的决策和指导作用，又对加强水利工程安全生产体制机制建设有重大作用。

2.事故统计分析的作用

事故统计分析的作用主要表现在以下几个方面：

（1）反映出安全生产业绩，统计的数据是检验安全工作好坏的一个重要标志。

（2）为制定有关安全生产法律法规、标准规范提供科学依据。

（3）让广大员工受到深刻的安全教育，吸取教训，提高安全自觉性，从而提高安全控制水平。

（4）使领导机构及时、准确、全面地掌握本系统的安全生产状况，发现问题并做出正确的决策。

3.事故统计分析的步骤

事故统计分析一般分为三个步骤，具体如下：

（1）资料收集：对大量原始数据进行技术分组，收集事故相关的各类资料。

（2）资料整理：将收集的事故资料进行审核、汇总，并根据事故统计的目的汇总有关数据。

（3）综合分析：对汇总整理的资料及有关数值进行统计分析，使资料系统化、条理化、科学化。

4.事故统计分析的方法

事故统计分析就是运用数理统计的方法，对大量的事故资料进行加工、整理和分析，揭示事故发生的某些规律，为预防事故发生指明方向。常见的事故统计分析方法有综合分析法、主次图分析法等。

二、应急预案

应急预案是对特定的潜在事件和紧急情况发生时所采取措施的计划安排，是应急响应的行动指南。应急预案应形成体系，涉及各级各类可能发生的事故和所有危险源，并明确事前、事中、事后的各个过程中相关部门和有关人员的职责。

（一）应急预案的特性

单位主要负责人负责组织编制和实施本单位的应急预案，并对应急预案的真实性和适用性负责；各分管负责人应当按照职责分工落实应急预案规定的职责。生产经营单位在组织应急预案编制的过程中，应当根据法律法规或者实际需要，征求相关应急救援队伍、公民、法人或其他组织的意见。应急预案应具有如下特性：

（1）符合性。应急预案的内容应符合有关法规、标准和规范的要求。

（2）适用性。应急预案的内容及要求应符合单位的实际情况。

（3）完整性。应急预案的要素应涵盖评审表规定的要素。

（4）针对性。应急预案应针对可能发生的事故类别、重大危险源、重点岗位部位。

（5）科学性。应急预案的组织体系、预防预警、信息报送、响应程序和处置方案应合理。

（6）规范性。应急预案的层次结构、内容格式、语言文字等应简洁明了，便于阅读和理解。

（7）衔接性。综合应急预案、专项应急预案、现场处置方案以及其他部门或单位预案应衔接。

（二）应急预案的内容

根据《生产安全事故应急预案管理办法》，应急预案可分为综合应急预案、专项应急预案和现场处置方案等三个层次。

综合应急预案是指生产经营单位为应对各种生产安全事故而制订的综合性工作方案，是本单位应对生产安全事故的总体工作程序、措施和应急预案体系的总纲。综合应急预案应当规定应急组织机构及其职责、应急预案体系、事故风险描述、预警及信息报告、应急响应、保障措施、应急预案管理等内容。

专项应急预案是指生产经营单位为应对某一种或者多种类型生产安全事故，或者针对重要生产设施、重大危险源、重大活动防止生产安全事故而制订的专项性工作方案。专项应急预案应当规定处置程序和措施等内容。

现场处置方案是指生产经营单位根据不同生产安全事故类型，针对具体场所、装置或者设施所制定的应急处置措施。其应当规定应急工作职责、应急处置措施和注意事项等内容。

项目法人应当综合分析现场风险，以及应急行动、措施、保障等基本要求和程序，组织参建单位制定本建设项目的生产安全事故应急救援的综合应急预案，项目法人领导审批，向监理单位、施工单位发布。

监理单位与项目法人分析工程现场的风险类型（如人身伤亡），起草编写专项应急预案，相关领导审核，向各施工单位发布。

施工单位应编制水利工程建设项目现场处置方案，监理单位审核，项目法人备案。

（三）应急预案管理

1.应急预案备案

水利工程建设项目参建各方申报应急预案备案，应当提交下列材料：①应急预案备案申报表；②应急预案评审意见；③应急预案电子文档；④风险评估结果和应急资源调查清单。

受理备案登记的负有安全生产监督管理职责的部门应当在 5 个工作日内对应急预案材料进行核对，材料齐全的，应当予以备案并出具应急预案备案登记表；材料不齐全的，不予备案并一次性告知需要补齐的材料；逾期不予备案又不说明理由的，视为已经备案。

2.应急预案宣传与培训

水利工程建设项目参建各方应采取不同方式开展应急预案的宣传和培训工作，对本单位负责应急管理工作的人员以及专职或兼职应急救援人员进行相应知识和专业技能培训；同时加强对安全生产关键责任岗位员工的应急培训，使其掌握生产安全事故的紧急处置方法，增强自救互救和第一时间处置事故的能力；并在此基础上，确保所有从业人员具备基本的应急技能，熟悉本单位的应急预案，掌握事故防范与处置措施和应急处置程序，提高应急水平。

3.应急预案演练

应急预案演练是应急准备的一个重要环节。水利工程建设项目参建各方通过演练，可以检验应急预案的可行性，发现应急预案存在的问题，完善应急工作机制，提高应急队伍的作战能力，还可以教育参建人员，增强其危机意识，提高其进行安全生产工作的自觉性。为此，预案管理和相关规章中都应有对应急预案演练的要求。

4.应急预案更新

应急预案必须与工程规模、机构设置、人员安排、危险等级、管理效率及应急资源等的状况相一致。随着时间的推移，应急预案中包含的信息可能会发生变化。因此，为了不断完善应急预案并保持预案的时效性，水利工程建设项目参建各方应根据本单位的实际情况，及时更新应急预案。

在应急预案更新前，参建各方应对应急预案进行评估，以确定是否需要更新以及哪些内容需要更新。更新应急预案，可以保证应急预案的持续适应性。同时，更新的应急预案内容应通过有关负责人认可，并及时通告相关单位、部门和人员；更新后的应急预案应经过相应的审批程序，并及时发布和备案。

5.应急预案的响应

相关单位应依据突发事故的类别、事故的危害程度、事故现场的位置及事故现场情况分析结果设定预案的启动条件。在接警后，根据事故发生的位置及危害程度，相关单位决定启动相应的应急预案，在总指挥的统一指挥下，发布突发事故应急救援令，启动预案，各应急小组根据预案赶赴现场，采取相应的措施。此外，向当地水利等有关部门报告也是必要的。

三、应急救援

（一）应急救援体系

随着社会的发展，生产过程中涉及的有害物质和能量不断增加，一旦发生重大事故，很容易导致严重的生命、财产损失和环境破坏。当事故的发生难以完全避免时，建立重大事故应急救援体系，及时有效地组织应急救援行动，成为抵御风险的关键手段。应急救援体系实际上是应急救援队伍体系和应急管理组织体系的总称，而应急救援队伍体系是由应急救援指挥体系和应急救援执行体系构成的。

1.基本概况

我国现有的应急救援指挥机构基本是由政府领导牵头、各有关部门负责人组成的临时性机构，在应急救援中具有很高的权威性和效率性。应急救援指挥机构不同于应急委员会和应急专项指挥机构，它具有现场处置的最高权力，各类救援人员必须服从应急救援指挥机构命令，以便统一步调，高效救援。

应急救援执行体系包括武装力量、综合应急救援队伍、专业应急救援队伍和社会应急救援队伍。在水利工程施工过程中，专业应急救援队伍和综合应急救援队伍是必不可少的，必要时还可以向社会求助，组建社会应急救援队伍。在突发事件多样、复杂的形势下，仅靠单一救援力量开展应急救援已不能适应形势需要。大量应急救援实践表明，改革应急救援管理模式、组建一支以应急救援骨干力量为依托、多种救援力量参与的综合应急救援队伍势在必行。

突发事件的应对是一个系统工程，仅仅依靠应急管理机构的力量是远远不够的，需要动员和吸纳各种社会力量，整合和调动各种社会资源共同应对突发事件，形成社会整体应对网络，这个网络就是应急管理组织体系。

2.应急救援体系建设的原则

（1）统一领导、分级管理

政府层面的应急救援体系，应从上到下在各自的职责范围内建立对应的组织机构。对于水利工程建设来说，应按照项目法人责任制的原则，以项目法人为龙头，统一领导应急救援工作，并按照相应的工作职责分工，各参建单位承担各自的职责。施工单位可以根据自身特点合理安排项目应急管理内容。

（2）条块结合、属地为主

项目法人及施工单位应按照条块结合、属地为主的原则，结合实际情况建立完善的应急救援体系，以满足应急救援工作需要。

（3）统筹规划、资源共享

应急救援指挥机构、应急救援队伍以及应急救援的培训演练、物资储备等保障系统的布局、规模和功能等，应根据工程特点、危险源分布、事故类型和有关交通地理条件进行统筹规划。有关企业应按规定标准建立企业应急救援队伍，参建各方应根据各自的特点建立储备物资仓库，同时在运用上统筹考虑，实现资源共享。对于工程中建设成本较高、专业性较强的内容，可以依托政府、骨干专业救援队伍、企业加以补充和完善。

（4）整体设计、分步实施

对于水利工程，可以结合地方行业规划和布局对各工程应急救援体系的应急救援指挥机构、区域应急救援基地和骨干专业救援队伍、主要保障系统进行总体设计，并根据轻重缓急分期建设。具体建设项目，要严格按照国家有关要求进行，注重实效。

3.应急救援体系的框架

水利工程建设应急救援体系主要由应急组织体系、应急运作机制、应急保障体系、应急法规制度等部分组成。

（1）应急组织体系

水利工程建设项目应将项目法人、监理单位、施工单位等各参建单位纳入应急组织体系中，实现统一指挥、统一调度、资源共享、统一协调。

项目法人作为龙头应积极组织各参建单位，明确各参建单位职责，明确相关人员职责，共同应对事故，形成强有力的水利工程建设应急组织体系，提升施工现场应急能力。同时，水利工程建设项目应成立防汛组织机构，以保证汛期抗洪抢险、救灾工作有序进行，安全度汛。

（2）应急运行机制

应急运行机制是应急救援体系的重要保障，目标是实现统一领导、分级管理、分级响应、统一指挥、资源共享、统筹安排，积极动员全员参与，加强应急救援体系内部的应急管理，明确和规范响应程序，保证应急救援体系运转高效、应急反应灵敏，取得良好的应急救援效果。

应急救援活动分为预防、准备、响应和恢复等四个阶段，应急机制与这四个阶段的应急活动密切相关。涉及事故应急救援的运行机制众多，但最关键、最主要的是统一指挥、分级响应和全员参与等机制。

统一指挥机制是事故应急活动的基本机制。应急指挥一般可分为集中指挥与现场指挥，或场外指挥与场内指挥，不管采用哪一种指挥形式，都必须在应急救援指挥机构的统一组织协调下行动，有令则行，有禁则止，统一号令，步调一致。

分级响应机制要求水利工程建设项目的各级管理层充分利用自己管辖范围内的应急资源，尽最大努力实施事故应急救援。

全员参与机制是水利工程建设应急运行机制的基础，也是整个水利工程建设应急救援体系的基础，是指在应急救援体系的建立及应急救援过程中要充分考虑并依靠参建各方人员的力量，使所有人员都参与到救援中来，人人都成为救援体系的一部分。在条件允许的情况下，在充分发挥参建各方的力量之外，利益相关方各类人员可以积极参与其中。

（3）应急保障体系

应急保障体系是应急救援体系运转必备的物质条件和手段，是应急救援行动全面展开和顺利进行的强有力的保证。应急保障一般包括应急通信信息保障、应急人员保障、应急物资设备保障、应急资金保障、应急技术储备保障以及其他保障。

①应急通信信息保障

应急通信信息保障是安全生产管理体系的组成部分，是应急救援体系基础建设之一。在事故发生时，应急通信信息保障系统要保证所有预警、报警、报告、指挥等行动的快速、顺畅、准确，同时要保证信息共享，是保证应急工作高效、顺利进行的基础。应急通信信息保障系统要及时检查，确保通信设备 24 h 正常畅通。

应急通信工具有电话（包括手机、座机电话等）、传真机等。

水利工程建设各参建单位应急救援指挥机构及人员通信方式应在应急预案中明确体现，应当报项目法人应急救援指挥机构备案。

②应急人员保障

水利工程建设各参建单位人员组成的工程设施抢险队伍，负责事故现场的工程设施抢险和安全保障工作。

有关专业技术人员可以组成专家咨询队伍，研究应急方案，提出相应的应急对策和意见。

③应急物资设备保障

根据可能突发的重大质量与安全事故性质、特征、后果及其应急预案要求，项目法人应当组织工程有关施工单位配备充足的应急机械、设备、器材等，以保障应急救援调用。

在发生事故时，应急救援队伍应当充分利用工程现场既有的应急机械、设备、器材，同时在地方应急救援指挥机构的调度下，动用工程所在地公安、消防、卫生等专业应急救援队伍和其他社会资源。

④应急资金保障

水利工程建设项目应明确应急专项经费的来源、数量、使用范围和监督管理措施，制定明确的使用流程，切实保证应急状态时应急专项经费能及时到位。

⑤应急技术储备保障

加强对水利工程事故的预防、预测、预警、预报和处置技术的研究，提高应急监测、预防、处置及信息处理的技术水平，增加技术储备，是十分必要的。水利工程事故预防、预测、预警、预报和处置技术研究和咨询依托有关专业机构进行。

⑥其他保障

水利工程建设项目应根据事故应急工作的需要，确定其他与事故应急救援相关的保障，如交通运输保障、治安保障、医疗保障和后勤保障等。

（4）应急法规制度

水利工程建设应急救援的有关法规制度是开展应急救援工作的依据。目前，对应急救援有关工作作出要求的法律法规主要有《中华人民共和国安全生产法》《中华人民共和国突发事件应对法》等。

（二）现场急救的具体措施

1.现场急救的基本步骤

（1）脱离险区

现场救护人员首先要使伤病员脱离险区，将其移至安全地带，如：将因滑坡、塌方被砸伤的伤员搬运至安全地带；对于急性中毒的病人，应尽快使其离开中毒现场，将其转移至空气流通的地方；对于触电的患者，要使其立即脱离电源；等等。

（2）检查病情

现场救护人员要沉着冷静，切忌惊慌失措，应尽快对受伤或中毒的伤病员进行认真仔细的检查，确定伤情、病情。检查内容包括意识、呼吸、脉搏、血压、瞳孔是否正常，有无出血、休克、外伤、烧伤，是否伴有其他损伤等。在检查时，不要给伤病员增加无谓的痛苦，如检查伤员的伤口，切勿一见伤员就脱其衣服，若伤口部位在四肢或躯干上，则应沿着衣裤线剪开或撕开，暴露其伤口部位即可。

（3）对症救治

现场救护人员应根据检查出的伤情、病情，立即进行初步对症救治：对于外伤出血病人，应立即进行止血和包扎；对于骨折或疑似骨折的病人，要及时固定和包扎，如果现场没有现成的救护包扎用品，则可以在现场找适宜的替代品使用；对于那些心跳、呼吸骤停的伤病员，要分秒必争地实施胸外心脏按压和人工呼吸；对于急性中毒的人员，要有针对性地采取解毒措施。在救治时，要注意纠正伤病员的体位，有时伤病员自己采用的所谓舒适体位，可能促使病情加重或恶化，甚至造成不幸死亡，如：当被毒蛇咬伤下肢时，要使患肢放低，绝不能抬高，以减缓毒液的扩散；当上肢出血时，要抬高患肢，防止增加出血量等。当救治伤病员较多时，一定要分清轻重缓急，优先救治伤重垂危者。

（4）安全转移

对于伤病员，要根据不同的伤情，采用适宜的担架和正确的搬运方法。在运送伤病员的途中，要密切关注其伤情、病情的变化，并且不能中止救治措施，要将伤病员迅速、平安地运送到后方医院做后续抢救。

2.紧急伤害的现场急救

（1）高空坠落急救

高空坠落是水利工程施工现场常见的一种紧急伤害，多见于土建工程施工和闸门安装等高空作业中。高空坠落急救应注意以下几个方面：

第一，去除伤者身上的用具和衣袋中的硬物。

第二，在搬运和转送伤者的过程中，颈部和躯干不能前屈或扭转，应使脊柱伸直，禁止一个人抬肩另一个人抬腿的搬法，以免加重伤情。

第三，应注意摔伤及骨折部位的保护，避免因不正确的抬送，使骨折错位，造成二次伤害。

第四，要妥善包扎创伤部位，但对于疑似颅底骨折和脑脊液渗漏患者，切忌作填塞，以免导致颅内感染。

第五，对于复合伤伤员，要使其保持平仰卧位，保持其呼吸道畅通，解开其衣领扣。

第六，将伤者快速平稳地送到医院救治。

（2）物体打击急救

物体打击是指失控的物体在惯性力或重力等其他外力的作用下产生运动，打击人体而造成的人身伤亡事故。物体打击急救应注意以下几个方面：

第一，对于严重出血的伤者，可使用压迫带止血法现场止血。这种方法适用于头、颈、四肢动脉大血管出血的临时止血，即用手或手掌用力压住比伤口靠近心脏部位的动脉跳动处（止血点）。

第二，当发现伤者有严重骨折时，一定要采取正确的骨折固定方法。固定骨折的材料可以是木棍、木板、硬纸板等，固定材料的长短要以能固定住骨折处上下两个关节或不使断骨错动为准。

第三，对于脊柱或颈部骨折的伤者，不能搬运，而应快速联系医生，等待携带医疗器材的医护人员来搬运。

第四，抬运伤者，要多人同时缓缓用力平托，在运送时，必须用木板或硬材料，不能用布担架，不能用枕头。对于颈椎骨折的伤者，头要放正，两旁用沙袋夹住，不让头部晃动。

（3）机械伤害急救

机械伤害主要指机械设备运动（静止）部件、工具、加工件直接与人体接触引起的夹击、碰撞、剪切、卷入、绞、碾、割、刺等形式的伤害。各类传动机械的外露传动部分（如齿轮、轴、履带等）和往复运动部分都有可能对人体造成机械伤害。机械伤害急救应注意以下几个方面：

第一，现场人员不要害怕和慌乱，要保持冷静，迅速对受伤人员进行检查。急救检查应先查看其神志、呼吸，接着摸脉搏、听心跳，再查看瞳孔，有条件者测血压，并检查局部有无创伤、出血、骨折、畸形等变化；然后根据伤者的情况，有针对性地采取人工呼吸、心脏按压、止血、包扎、固定等临时应急措施。

第二，遵循"先救命、后救肢"的原则，优先处理颅脑伤、脾破裂等危及生命的内脏伤，然后处理肢体出血、骨折等伤害。

第三，让患者平卧并保持安静，有呕吐且无颈部骨折时，应将其头部侧向一边以防止噎塞。不要给昏迷或半昏迷者喝水，以防液体进入呼吸道而导致窒息，也不要用拍击或摇动的方式试图唤醒昏迷者。

第四，如果伤者出血，则应进行必要的止血及包扎。大多数伤员可以按常规方式抬送至医院，但对于颈部、背部严重受损者要慎重，以防止加重伤情。

第五，应动作轻缓地检查患者，必要时剪开其衣服，避免突然挪动增加伤者痛苦。

第六，若伤者断肢（指），则要在急救的同时，保存好断肢（指），具体方法是：将断肢（指）用清洁纱布包好，不要用水冲洗，也不要用其他溶液浸泡；若有条件，可将包好的断肢（指）置于冰块中，冰块不能直接接触断肢（指），将断肢（指）随同伤者一同送往医院进行修复。

（4）塌方伤急救

塌方伤是指塌方或房屋倒塌后伤员被掩埋或被落下的物体压迫之后的外伤，除易发生多发伤和骨折外，还有可能出现挤压综合征问题，即一些部位长期受压，缺血缺氧，易引起坏死。因此，塌方伤的急救，要防止急性肾功能衰竭的发生。

急救方法是在将受伤者救出后，必须紧急送到医院抢救，及时采取防止肾功能衰竭的措施。

（5）触电伤害急救

在水利工程施工现场，施工人员若违章操作，则容易触电。触电伤害急救的方法如下：

第一，先迅速切断电源，此前不能触摸受伤者，否则会造成更多的人触电；若一时不能切断电源，救助者应穿上胶鞋或站在干的木板凳上，双手戴上厚的塑胶手套，用干木棍或其他绝缘物把电源拨开，尽快将受伤者与电源隔离。

第二，在脱离电源后迅速检查病人，如呼吸、心跳停止，则应立即进行人工呼吸和胸外心脏按压。

第三，在心跳停止前禁用强心剂，应用呼吸中枢兴奋药，用手掐人中穴。

第四，在雷击时，作业人员如果孤立地处于空旷暴露区并感到头发竖起，则应立即双腿下蹲，向前曲身，双手抱膝自行救护。

第五，在处理电击伤时，应先用碘酒纱布覆盖包扎，然后按烧伤处理。电击伤的特点是伤口小、深度大，所以要防止继发性大出血。

（6）淹溺急救

淹溺又称溺水，是人淹没于水或其他液体介质中并受到伤害的状况。淹溺急救的方法如下：

第一，发现溺水者后应尽快将其救出水面，施救者若不了解现场水情，则不可轻易下水，可充分利用现场器材，如绳、竿、救生圈等救人。

第二，将溺水者平放在地面，迅速撬开其口腔，清除其口腔和鼻腔异物，如淤泥、杂草等，使其呼吸道保持通畅。

第三，倒出溺水者腹腔内吸入物，但要注意不可一味倒水而延误抢救时间。倒水方法是将溺水者置于抢救者屈膝的大腿上，头部朝下，按压其背部迫使呼吸道和胃里的吸入物排出。

第四，当溺水者呼吸停止或极为微弱时，应立即实施人工呼吸法，必要时施行胸外心脏按压。

（7）烧伤或烫伤急救

一旦被火烧伤，就要迅速离开致伤现场。若衣服着火，则应立即倒在地上翻滚或翻入附近的水沟中或潮湿地上。这样可迅速压灭或冲灭火苗，切勿奔跑、喊叫，以免风助火威，造成呼吸道烧伤。最好的方法是用自来水冲洗或浸泡伤患，这样可避免受伤面扩大。

当肢体被沸水或蒸汽烫伤时，应立即剪开已被沸水湿透的衣服和鞋袜。将受伤的肢体浸于冷水中，可起到止痛和消肿的作用。当贴身衣服与伤口粘在一起时，切勿强行撕脱，以免使伤口加重，可用剪刀先剪开，然后慢慢将衣服脱去。

不管是烧伤还是烫伤，创面严禁用红汞、碘酒和其他未经医生同意的药物涂抹，而应用消毒纱布覆盖在伤口上，并迅速将伤员送往医院救治。

（8）中暑急救

第一，迅速将中暑者移到阴凉通风的地方，解开其衣扣，使其平卧休息。

第二，用冷水毛巾敷其头部，或用 30%的酒精擦其身降温，使其喝一些淡盐水或清凉饮料。清醒者也可服人丹、十滴水、藿香正气水等；对于昏迷者，可用手掐人中或立即送医院。

四、紧急避险

（一）台风灾害紧急避险

沿海地区经常遭遇台风，台风由于风速大，会带来强降雨等恶劣天气，再加上强风和低气压等因素，容易使海水、河水等强力堆积，潮位、水位猛涨。风暴潮与天文大潮相遇，可能导致水位漫顶，冲毁各类设施。台风灾害的具体防范措施如下：

（1）密切关注台风预报，及时了解台风路径及预测登陆地点，储备必需的物资，做好各项防范措施。

（2）根据台风响应级别，及时启动应急预案，及时将人员、设备等转移到安全地带。

（3）严禁在台风天气继续作业，同时在人员撤离前及时加固各类无法撤离的机械设备。

（4）在台风警报解除前，禁止私自进入施工区域；当警报解除后应先在现场进行特别检查，在确保安全后方可恢复施工。

（二）山洪灾害紧急避险

水利工程较多处于山区，因为暴雨或拦洪设施泄洪等，在山区河流及溪沟容易形成暴涨暴落洪水及伴随发生的各类灾害。山洪灾害来势凶猛，破坏性强，容易引发山体滑坡、泥石流等灾害。在水利工程施工期间，施工单位应采取如下方式进行紧急避险：

（1）在遭遇强降雨或连续降雨时，需要特别关注水雨情信息，准备好逃生物品。

（2）当遭遇山洪时，一定要保持冷静，迅速判断周边环境，尽快向山上或较高地方转移。

（3）当山洪暴发，江河水位迅速上涨时，不要沿着行洪道逃生，而要向行洪道的两侧快速躲避；不要轻易涉水过河。

（4）若被困山中，则应及时与110或当地防汛部门取得联系。

（三）山体滑坡紧急避险

当遭遇山体滑坡时，施工人员首先要沉着冷静，不要慌乱，然后采取必要措施迅速撤离到安全地点。

（1）迅速撤离到安全的避难场地。避难场地应选择在易滑坡两侧边界外围。施工人员要朝垂直于滚石前进的方向跑，切记不要在逃离时朝着滑坡方向跑；千万不要将避难场地选择在滑坡的上坡或下坡，也不要未经全面考察，从一个危险区跑到另一个危险区；同时，要听从统一安排，不要自择路线。

（2）当跑不出去时，应躲在坚实的障碍物下。当遇到山体滑坡且无法继续逃离时，施工人员应迅速抱住身边的树木等固定物体；可躲避在结实的障碍物下，或蹲在地沟里；应注意保护好头部，可利用身边的衣物裹住头部；应立刻将灾害发生的情况报告给单位或相关政府部门，及时报告对减轻灾害损失非常重要。

（四）火灾紧急避险

水利工程施工中有许多容易引起火灾的客观因素，如现场施工中的动火作业以及易燃化学品、木材等可燃物。水利工程施工现场人员的临时住宅区域和临时厂房，由于消防设施缺乏，极易酿成火灾。当发生火灾时，施工人员应采取如下措施：

（1）当火灾发生时，如果发现火势并不大，则可采取措施立即扑灭，千万不要惊慌失措，置小火于不顾而酿成大火灾。

（2）当突遇火灾且无法扑灭时，应沉着镇静，及时报警，并迅速判断危险地与安全地，注意各种安全通道与安全标志，谨慎选择逃生方式。

（3）当逃生时经过充满烟雾的通道时，要避免烟雾中毒和窒息。由于浓烟常在离地面约 30 cm 处四散，因此可向头部、身上浇凉水或用湿毛巾、湿棉被、湿毯子等将头、身裹好，低姿势逃生，最好爬出浓烟区。

（4）逃生要走楼道，切忌乘坐电梯逃生。

（5）当发现身上已着火时，切勿奔跑或用手拍打；应赶紧设法脱掉着火的衣服，或就地打滚压灭火苗；如有可能，则跳进水中或让人向身上浇水，喷灭火剂效果更好。

（五）有毒有害物质泄漏场所紧急避险

当发生有毒有害物质泄漏后，假如现场人员无法控制泄漏，则应迅速报警并采取如下紧急避险措施：

（1）现场人员不可恐慌，应按照平时应急演练的步骤，各司其职，有序地撤离。

（2）在逃生时要根据泄漏物质的特性，佩戴相应的个体防护用品；若现场没有防护用品，则可应急使用湿毛巾或湿衣物捂住口鼻进行逃生。

（3）在逃生时要沉着冷静地确定风向，根据有毒有害物质泄漏的位置，向上风向或侧风向转移撤离。

（4）假如泄漏物质（气态）的密度比空气大，则应选择往高处逃生，相反，则应选择往低处逃生，但切忌在低洼处滞留。

（5）有毒气泄漏可能的区域，应该在最高处安装风向标。在发生泄漏事故后，风向标可以正确指导逃生方向。还应在每个作业场所至少设置 2 个紧急出口，出口与通道应畅通无阻并有明显标志。

参 考 文 献

[1] 白凤春，白文硕.水利水电工程施工管理存在的问题与对策研究[J].水上安全，2023（16）：157-159.

[2] 白西杰.信息化技术在水利工程施工管理中的应用研究[J].水电水利，2022，6（5）：76-78.

[3] 陈琰.加强水利工程施工技术管理应注意的事项[J].科技与创新，2024（12）：153-155.

[4] 陈正果.水利工程建设中的安全管理及技术分析[J].水上安全，2024(15)：79-81.

[5] 杜丽丽.关于加强水利工程施工管理的必要性[J].水电水利，2023，7（2）：19-21.

[6] 冯亚妮，叶武鹏，房兴平.水利工程施工管理的重要性及对策分析[J].水上安全，2024（12）：49-51.

[7] 冯玉康.对水利水电工程施工阶段的质量管理[J].百科论坛电子杂志，2020（14）：1345-1346.

[8] 高剑宏.水利施工管理中存在的安全风险及改进措施探讨[J].中国水运，2024，24（16）：101-102，123.

[9] 谷文静.水利工程施工中的关键技术与管理研究[J].散装水泥，2024（4）：141-143.

[10] 顾振红.水利工程施工管理的重要性和对策探析[J].全面腐蚀控制，2024，38（8）：75-77.

[11] 黄婉琳，刘晓惠.简谈水利水电工程中施工技术及管理措施[J].水电水利，2022，6（2）：13-15.

[12] 黄晓亮.基于 BIM 技术的水利工程施工成本控制研究[J].建筑工程技术与设计，2024（14）：117-119.

[13] 黄银香.水利工程施工安全管理及其应对策略研究[J].城市建设理论研究（电子版），2024（28）：25-27.

[14] 黄莹，李增明.浅谈水利工程施工进度管理的有效控制措施[J].治淮，2024（8）：56-57.

[15] 江涛，梁林，李成.BIM 技术在水利工程施工管理中的应用研究[J].内蒙古水利，2024（3）：98-100.

[16] 孔雷，赵群群，陈雪梅.探究水利工程施工管理特点及质量控制措施[J].工程与建设，2023，37（6）：1897-1898，1901.

[17] 李其霖.影响水利工程施工质量的主要因素与控制措施[J].中外交流，2021，28（1）：108-109.

[18] 廖欢.基于绿色发展理念的水利水电工程施工技术研究[J].红水河，2022，41（5）：80-83.

[19] 刘洋，杨宗彭，吴学斌，等.水利水电工程施工进度控制[J].科技风，2023（5）：76-78.

[20] 刘钊.水利工程施工中的质量控制与安全隐患管理[J].水上安全，2024（16）：157-159.

[21] 鲁琳琳.农业水利工程施工对生态环境的影响及对策思考[J].水电水利，2023，7（2）：13-15.

[22] 鲁智国.水利工程施工中的进度控制与成本管理研究[J].工程技术研究，2024，9（3）：155-157.

[23] 雒英.信息化时代水利工程施工管理的质量控制策略探究[J].水电水利，2023，7（6）：107-109.

[24] 马翠珍.基于水利工程项目施工管理问题及创新对策分析[J].河北农机，2022（5）：64-66.

[25] 梅涛.水利工程施工管理中存在的问题及改进措施[J].工程建设与设计，2023（19）：249-251.

[26] 沈蕙，刘亮，尹晓冰.影响水利水电工程施工技术的因素及应对策略[J].水电水利，2022，6（8）：61-63.

[27] 沈维铎，劳齐乐，高杰.水利水电工程安全施工技术及管理的策略分析[J].水上安全，2023（2）：184-186.

[28] 沈勇.水利水电工程施工技术及管理措施[J].前卫，2021（10）：169-171.

[29] 石龙梅.水利工程施工技术与施工技术管理现状及创新改革措施分析[J].水上安全，2024（17）：126-128.

[30] 唐书童.水利工程施工组织管理与技术措施探析[J].黑龙江水利科技，2023，51（9）：186-188.

[31] 汪光剑.浅谈水利工程施工中的安全管理[J].现代物业：新建设，2020（6）：1.

[32] 王龙.水利水电工程施工质量控制中存在的问题与对策探讨[J].工程技术研究，2023，8（6）：226-228.

[33] 王垚琪.水利工程建筑施工设施的危险性辨识及安全评价[J].四川水利，2023，44（4）：169-172.

[34] 王永建，张丽娟.水利工程施工的合同管理与纠纷解决[J].水上安全，2024（12）：43-45.

[35] 徐红卫.水利工程施工中常见的问题及优化措施[J].水上安全，2024（6）：

34-36.

[36] 徐一新，苏海刚，陈雨雷. 水利水电工程施工现场安全管理对策思考[J]. 水电水利，2023，7（8）：70-72.

[37] 杨永强. 试论如何进行水利水电工程施工质量的有效管控[J]. 中外企业家，2020（15）：136.

[38] 张功丽. 水利水电工程施工质量管理与控制分析[J]. 世界家苑，2023（5）：141-143.

[39] 张国栋. 边坡开挖支护技术在水利工程施工中的应用要点[J]. 中国厨卫，2024，23（9）：171-173.

[40] 赵福印. 水利水电工程施工现场危险源识别及防控对策研究[J]. 水上安全，2024（18）：139-141.

[41] 郑艳辉. 中小型水利工程建设施工安全管理隐患及对策探讨[J]. 黑龙江水利科技，2020，48（1）：145-146.

[42] 邹彪. 水利工程施工管理的重要性及措施[J]. 大众标准化，2023（14）：136-138.